疯狂博物馆——

寻找新世界

陈博君　陈卉缘/著

ZHEJIANG UNIVERSITY PRESS
浙江大学出版社

目 录

引子　我又没做错 　　　　　　　　　　　　1

一　　荒芜的世界　　　　　　　　　　　　4

二　　疯老婆子　　　　　　　　　　　　　16

三　　虫算不如天算　　　　　　　　　　　23

四　　美丽陷阱　　　　　　　　　　　　　33

五　　小尼兄弟　　　　　　　　　　　　　46

六　　九死一生　　　　　　　　　　　　　57

七 ✳ 彩色迷宫 69

八 亲野大沙地 77

九 沙地秘境 91

十 巧合还是天意 103

十一 终有一别 109

十二 道歉的艺术 117

引子　我又没做错

　　"卡拉塔！"妈妈厉声喊道，"卡拉塔你过来！"

　　卡拉塔吓了一跳，难得听到妈妈会用这么响亮又尖厉的声音和自己讲话，不会是切到手了吧？他赶紧放下手中的笔来到厨房，"妈妈你怎么啦？"

　　"卡拉塔，你告诉我，你是不是把同学的作业本当成自己的上交了？"妈妈的语气十分严厉，仿佛不是在了解事情的经过，倒更像是在替老师质问。

　　"什么？"卡拉塔的脑袋轰隆一下，仿佛遭受了晴天霹雳，"妈妈怎么会认为我是这样的孩子？"先不说到底是发生了什么事情，

妈妈这样不问青红皂白直接置疑，就让卡拉塔很难接受。

他红着眼眶，面色铁青地捏紧小拳头，进行无声的抗议。

可这时候的妈妈却并没有读懂卡拉塔的委屈——白天老师突然打电话过来，现在卡拉塔又憋着不说话，卡妈妈一着急，更加大声地问道："你跟妈妈说实话，你有没有做这种事情？啊？……我平时是怎么教育你的？说话啊！做错事情不说话就没事了吗？"

卡妈这一番没头没脑的质问，让卡拉塔的心仿佛受到了一下又一下的冰刺，又冷又疼，他忍不住大叫起来："别人说什么就是什么了吗？我到底是不是你亲生的！"

"大吼大叫就能解决问题了吗？你还扯开话题，心虚了？你为什么拿人家的作业本？"被儿子怀疑是不是亲生母亲，卡妈顿时也被怒气冲昏了头。

"你这个笨蛋、神经病！"又气又急的卡拉塔扯着嗓子，冲妈妈丢下两句话，就咚咚咚地跑回了房间。

嘭——，他猛地摔上房门，整个家里的玻璃窗都颤抖了一下。

"卡拉塔！谁教你摔门的？谁教你骂人的？把门打开！"卡妈追到卡拉塔房间门口，哪哪哪地用力拍着门，但卡拉塔已把自己反锁在房间里了。

他用被子蒙着头，在被窝里啜泣着："呜——妈妈——居，居然不相信我——亏，亏我还担心她——呜——"可是，门外的卡妈根本听不见卡拉塔在说什么，见儿子一直不肯开门，就更加生气了。

这时，卡馆长回来了。"怎么了啊？卡妈你为什么这么用力地拍门呀？"他疑惑地问道。

卡妈忍不住又数落道："你问他！在学校里偷别人的作业本，老师都向我告状了。我说他两句，他就跟我顶嘴，还把自己关在里面不肯开门！"

"不会吧？卡拉塔哪是这样的孩子？"卡馆长一边安抚着卡妈，一边隔着门喊道，"卡拉塔，爸爸知道你是不会拿同学作业本的，肯定是有什么误会，你开门出来，我们说清楚！"

缩在被窝里的卡拉塔正哭得稀里哗啦，哪听得清外面在说什么啊，这好好的话，传到他耳朵里就变成了："爸爸知道……你拿同学作业本……肯定是……出来……说清楚！"

卡拉塔顿时觉得脑袋里轰隆隆直响。哼！原来平时爸妈口口声声说爱我，事到临头也不过如此啊，都是骗子！大骗子！

卡拉塔气鼓鼓地掀开被子，一把抓过书柜上那只萌萌的小仓鼠，泪眼蒙眬地盯着他，大喊道："淘气的小坏蛋，快带我到最远最远的地方去！我再也不要看到这两个大骗子了！"

"啊？我又不是阿拉丁神灯！"刚醒过来的嘀嘀嗒伸了个懒腰，一脸懵懂地看着满脸怒气的卡拉塔，"卡拉塔，你怎么了？"

"我不管我不管！反正我要去离他们很远很远的地方——越远越好！"

一　荒芜的世界

嘀嘀嗒无奈地看着卡拉塔："到底发生什么事情了？你先冷静一下嘛，你这个状态，我可不放心带你出去，万一你一个冲动跑没影了怎么办？而且，你到底想要去哪里啊？这里什么都没有，我们也没办法……"

"你怎么这么啰唆！"卡拉塔暴躁地打断了嘀嘀嗒，恨不得拿胶带直接封住他的嘴。

嘀嘀嗒被吓了一大跳，霎时僵在那里，连口型和手势都还保持着刚才滔滔不绝讲话的姿态，活像一只被按掉开关的毛绒玩具。

房间里鸦雀无声，空气仿佛凝固了一般，压抑得让人透不过气。

卡拉塔抬眼望了望嘀嘀嗒无辜而又惊讶的小表情，长吸一口气，努力压制住脾气。

"我知道了！"他说完，捞起嘀嘀嗒往怀里一揣，趁着爸妈一个没注意，就冲出了家门。

"卡拉塔，你……"小小的嘀嘀嗒被卡拉塔按在胸口，甚至都能听见他的心脏在嘭嘭嘭地剧烈跳动。

卡拉塔跑得实在太快了，嘀嘀嗒被颠得七荤八素。他实在忍不住啦，就拼命地从卡拉塔的怀里探出脑袋，翻着白眼，大口地呼吸着新鲜空气："喔哟，闷死我了！闷死我了！你这是要去哪儿啊？"

"别吵了，到了你就知道了！"卡拉塔把嘀嘀嗒的小脑袋摁回怀里，继续快步向前。

经过了又一通乱撞后，嘀嘀嗒终于从卡拉塔的怀里钻了出来。他耷拉着脑袋，吐出半条舌头，肥肥的肚子随着大口的喘息一起一伏："卡、卡拉塔，你怎么，每次都，这，这么着急啊……嗯？这是哪儿啊？"

好不容易喘匀气儿的嘀嘀嗒，睁着一双大眼睛四处张望起来。只见对面的墙上有很多巨大的"莲蓬头"，一旁的展厅里，五光十色的彩灯照射着一圈珊瑚，还有好几条十几米长的恐龙骨骼标本！

"咦，这不是我们常去的湿地博物馆哎。这是哪儿啊？为啥要到这儿来？"嘀嘀嗒把脸扭向卡拉塔。

"这里是自然博物馆，是离我家最近的博物馆了。"卡拉塔噘着嘴，抱起双臂，垂下眼睑看着嘀嘀嗒，"你快变吧！变什么都无所谓，越远越好，没有人类的地方最好，我不想看见人，任何人都不想看见！"

"啊？这么随便吗？不再好好想想？"嘀嘀嗒觉得卡拉塔的状态不对，想开导开导他，"要不你先和我聊聊？发生什么事情啦？"

卡拉塔才不想听嘀嘀嗒讲一些没用的大道理呢，他捂着耳朵耍起了无赖："啊，不不不不不，我听不见，我听不见，你带不带我去，带不带我去！"

这画面太辣眼睛了！嘀嘀嗒赶紧捂着眼睛："好丢人啊，好好好，我带你去，我带你去！那，是你说的啊，变什么都随便，那我开始变了啊，记住憋住气！"

说罢，嘀嘀嗒迅速地吹响了挂在胸前的小口哨。

"咻——咻——"熟悉的下坠感猛然袭来，黑暗一点点地将他们包裹了起来……

"终于离开爸妈，远离那些不信任我的人了……"随着意识的下沉，卡拉塔感觉憋在胸头的一口恶气终于吐出来了。他开始渐渐地放松，任由身体自由舒展。

……

"哗——哗——"卡拉塔似乎听到耳边飘过了什么声响，然后又是咕嘟一声，好像有什么小东西炸裂了，但是体感又很柔，暖暖的，痒痒的，是一种很熟悉的感觉。

哦，对了，是水！就是水，和之前变小龙虾一样的感觉！

"啊，久违了的水下生活！"卡拉塔不禁开心起来，那这次自己会变成什么呢？小鱼？海螺？还是水母？正在胡思乱想着，一股巨大的水压向他袭来。"啊，这么大的压力，应该是在海底了吧？那也不错啊，应该会有好多好多漂亮的生物，说不定还能看到《鲁滨孙漂流记》里记载的那些神奇生物，比如鹦鹉螺啊，会发光的鱼啊，还有比床还大的贝母啊……嗯，不错！不错！"

卡拉塔努力地睁开眼睛：啊，海底原来是暖洋洋的，阳光通过层层水波，已经被分成了好几道，像明晃晃的柱子，穿过头顶。卡拉塔左看看右看看，发现这里有小草，有细沙，有石块，还有……咦？怎么看来看去只有小草？！传说中漂亮的珊瑚呢？五彩斑斓的鱼儿呢？这里怎么这么荒芜啊！

一 荒芜的世界

"嘀嘀嗒，嘀嘀嗒，你给我带哪儿来啦？"卡拉塔睁大眼睛问道。

"海底啊！"嘀嘀嗒晃着肚子游了过来。

"天哪，嘀嘀嗒，你是嘀嘀嗒吗？怎么长的这副怪模样？"卡拉塔指着嘀嘀嗒的肚子和长长的爬足，慌乱地问道，"这又是什么？"

"这个是轴叶，负责消化的；这两边是肋叶，负责爬行的。嗯，这么说有点抽象，为了防止你没完没了地再问，我索性给你仔细介绍一下吧！"嘀嘀嗒又开启了小百科模式，"你背上的那个叫背甲，头上的叫头甲，旁边两条是触须，还记得小龙虾吗？作用差不多的。不过，现在我们的眼睛更酷，是方解石的，俗称碳酸钙。还有……"

卡拉塔紧皱着眉，打断了嘀嘀嗒的赘述："所以，嘀嘀嗒！你回答我！你现在是什么？！"

"嘿嘿。"嘀嘀嗒翘翘屁股，朝他眨了眨眼睛，骄傲地说："我们是这个时代的主宰者，三叶虫啊！"

"三——叶——虫！"卡拉塔吓得下巴都快掉了。

"你不是说要去最远的地方吗？不是还要见不到人嘛！砰，我就带你来到寒武纪啦，我保证这里没有人，而且连蚂蚁都不会有。"嘀嘀嗒得意地搓搓爪子，"意不意外？惊不惊喜？"

"寒武纪！你是说几亿年前生命大爆发的那个寒武纪吗？这里连条鱼都没有！"

"准确地说，鱼还是有一两条的。"嘀嘀嗒嬉皮笑脸地逗卡拉塔。

"嘀嘀嗒！我这么信任你，你却把我带到这种鸟不生蛋的地方！还变成了虫，这么丑的三叶虫！"卡拉塔越说越气。

"这个时代哪有什么鸟啊，而且鸟也不在水里生蛋的嘛。"嘀嘀嗒继续逗着卡拉塔，反正这地方没人，也不怕卡拉塔再耍无赖丢人了。

"你！"本来爸妈不信任自己，就够令人生气的了，现在连嘀嘀嗒都这么欺负人，卡拉塔感觉胸口那团气又堵了回来。

"你们都是坏蛋！大坏蛋！"说完，卡拉塔不顾一切地往海床的深处游去。

"卡拉塔，深海危险，别乱跑！"嘀嘀嗒慌了，赶忙追了上去。

"你别过来！我讨厌你，讨厌你们！"卡拉塔大叫着，游得更快了。

海水哗啦哗啦地被拨到身后，虽然嘀嘀嗒在后面拼命呼喊，但卡拉塔丝毫不理会，任凭心里的怒气化为划动爬足的动力。他那两条长长的触须随着水流快速地上下漂动，强有力的爬足不时拍打出一些小小的水泡，这些小水泡像一条长长的珍珠链

子，拖在卡拉塔的身后，随着水流慢慢散开。

嘀嘀嗒顺着这些小水泡远远地追着卡拉塔。他们在海底游了很久很久，卡拉塔终于耗尽了最后一丝气力，疲惫不堪地跌坐在一块大大的礁石旁。可是满腔的委屈和埋怨，却仍像干闷在铁锅里的小豆子一样，噼里啪啦，撞得他异常心烦。

"啊——"卡拉塔大声喊叫起来，想要把肚子里所有的不满都发泄出来，"你们这些大骗子，爸爸妈妈是大骗子，嘀嘀嗒也是大骗子，都是坏蛋！没有人爱我！啊——"

"啧啧啧，这是哪里来的小可怜啊？"一个细细柔柔的声音突然在耳边响起，卡拉塔惊讶地四处张望，可是除了满目的细沙小草和望不到边际的海水，就只有一株斜倚在岩石上的巨大"花朵"了。

"是你在说话吗？"卡拉塔小心翼翼地问道。

不过他觉得自己一定是疯了，花怎么会说话呢？但是转念一想，这里是几亿年前的深海，是多少科学家都还没研究透的地方，发生什么神奇的事儿也不足为怪。

"是呀，小家伙，是我在说话，你是不是不开心啊？"那株漂亮的"花"果然应声答应着，一点点舒展开了细长的"花瓣"，就像在海底绽放的百合。不同的是，百合大多是清丽淡雅的颜色，而这株"花"的色彩却格外妖娆，纤长的"花瓣"犹如微风

中飘动的彩带，每片"花瓣"上还有许多晶莹的绒毛，在海水中轻盈地曳动着，仿佛雏鸟翅膀上的羽毛，稚嫩细软，楚楚动人。透过海水的光线轻轻地洒落在绒毛上，美得令人目眩神迷。

"花朵"缓缓地转向卡拉塔，用温柔的声音继续说道："这么可爱的小家伙，怎么会缺爱呢？来，和我说说，来——"

一 荒芜的世界

卡拉塔呆呆地望着眼前这位美丽温柔的"水中丽人"，似乎完全忘记了先前的不快，他痴痴地说道："你真漂亮，就像妈妈常买的百合花一样。不！你比百合还漂亮，比妈妈还漂亮！妈妈就是一个谎话精，她一点都不好！"

　　"哦？你妈妈说什么谎话了？"那株"花"似乎对卡拉塔很感兴趣，"来，再靠过来点儿，这里的水流声太大，我听不清你在说什么？"

　　听到有人愿意倾听自己的委屈，卡拉塔心里觉得暖暖的，马上划动爬足向那朵花儿靠了过去。

　　"危险！快回来！"一个熟悉的声音像警钟一般在卡拉塔耳边响起，是嘀嘀嗒！

　　卡拉塔犹如醍醐灌顶，他用力地眨了眨眼睛，发现身体周围早已缠满了长长的"花瓣"，而那"花"也露出了诡异的笑容，不再是温柔的微笑，而是一种得意的狞笑。

　　"还想逃？"那"花"照着卡拉塔猛地甩起一条花瓣。

　　"嘶，好疼！"卡拉塔感觉自己被什么扎了一下，随之而来的是令人不安的麻痹感，"啊呀不好！我怎么感觉不到爬足的存在了？"

一　荒芜的世界

二　疯老婆子

当卡拉塔再次醒来时，已经躺在一个又黑又暗的礁石缝中了。

"号外，号外，海床大岩石方向有一股暖流！"

"兄弟们，吃大餐去咯！"

"嘿！老伙计，快带上你的小孙子们，有好东西吃啦！"

……

外面的喧闹声阵阵传来，卡拉塔动动爬足，揉揉眼睛，用力地支起身子。

"哎哟，小伙子，你终于醒啦！"眼前是一只比卡拉塔轴叶更长一些，触角略短一点，看起来更像个圆球的三叶虫。见卡拉塔动了，这只圆圆的三叶虫转了转眼睛。那眼神看起来很奇怪，幽幽地透出一种淡然和寂灭。她缓慢地转过身子，向石缝外爬去。借着幽暗的光线，卡拉塔看到这只三叶虫的背甲上有许多大小不一的伤痕，她佝偻着背，朝石缝外费力地喊道："嘿，不要命，你的朋友醒了！"

"啊！太好了，谢谢球婆婆！"随着一声熟悉的喊叫，卡拉塔看见嘀嘀嗒急切地钻了进来。

"嘀嘀嗒，刚才那朵花呢？我这是在哪儿啊？"卡拉塔摇摇头，努力地回忆着，却什么都记不起来。

"你可算是醒过来了！"嘀嘀嗒一边把卡拉塔扶起来，一边打趣道，"怎么每次醒过来说的话，都和电视剧里一样，都没点新鲜的词儿！"

"你可算是醒过来啦。切！"卡拉塔学着嘀嘀嗒的语气，阴阳怪气地说道，"你的词还不是一样老套。"

"好好，你还能开玩笑，看来恢复得挺好！"嘀嘀嗒轻轻地拍拍卡拉塔的后背，"你啊，真是命好，闯完祸，就什么都不记得了，醒来还偏偏挑这么个好时候！"

"啊？"卡拉塔一头雾水。

"你被那个海百合蜇伤了肋叶，我也救不了你，还好球婆婆用她的拐杖打跑了海百合，还收留了我们，不然你这小命哦，就算我吹破口哨都救不回来了！"说着，嘀嘀嗒拱了拱卡拉塔，"现在刚好是大暖流盛行的时候，浮游生物最丰盛了，快起来，我们去吃个痛快！"

卡拉塔踉踉跄跄地爬出大礁石的缝隙，外面的景象好热闹啊！成百上千只三叶虫从大礁石的缝隙里蹦出来，有的轴叶长，有的触须短，还有的肋叶宽出其他的一倍。他们一个个都奋力划动着爬足，争先恐后地向远处一条白色的水流带游去。

二 疯老婆子

"走啦，发什么愣啊？"嘀嘀嗒拽着卡拉塔，往最热闹的地方冲去。

温暖的洋流带来了大量的浮游生物和动物死后被分解的有机残渣，这对三叶虫来说简直就是美味盛宴。刚刚恢复过来的卡拉塔早已饥肠辘辘，他赶紧张开唇瓣，大口大口地吸入海水，过滤着其中的美味。

和大多数的三叶虫一样，面对这摄入丰富营养的好机会，嘀嘀嗒和卡拉塔完全就没有抵抗力，他们出自本能地沉浸在其中，甚至撞到别的三叶虫都还浑然不知。

"哎哟喂！"几只与他们长得非常相似的三叶虫捂着脑袋，哇哇地喊了起来，"谁呀，吃疯了吧！"

"啊，对不起对不起！"嘀嘀嗒和卡拉塔赶忙道歉。

"诶，他不是那个'不要命'吗？"一只三叶虫指着嘀嘀嗒大叫起来。听到喊声，另外几只三叶虫也纷纷围了过来。

"是啊，就是呢，就是疯老婆子收留的那两个！"

"他们怎么这么想不开啊？又跑去海百合那儿，又住疯老婆子家。"

"大概是被什么东西碰了一下，磕坏脑壳了吧？"

"嘀嘀嗒，他们在说什么呀？谁是'不要命'啊？"

还没等嘀嘀嗒回答，一只胖胖的三叶虫大妈就在边上接过了话:"哟,连自己的救命恩人都不记得了?'不要命'啊,喏,就是他!"胖大妈指了指嘀嘀嗒,"这傻小子看你被海百合卷进去了,命都不要了!一头就往里冲,拼命想把你拉出来,也不知道他中了什么邪。"

卡拉塔心里一阵感动:"嘀嘀嗒,是你救的我?可你刚才不是说,是那个老婆婆救我的吗?"

"切,就那个连路都走不了几步的疯老婆子,哪救得了你们两个小伙子哟。"一个瘦长条的三叶虫大叔接了一句嘴。

"不许你们说球婆婆是疯老婆子!"卡拉塔朝着虫群大喊,"她是一个心地善良的好婆婆,还有他叫嘀嘀嗒,是我最好的朋友,他不是傻小子!"

"算了,卡拉塔。"嘀嘀嗒拉拉卡拉塔。

"喔哟哟,还在这儿疯叫,果然是疯子配疯子。呵呵,估计下一个为疯老婆子送死的,就是这个傻蛋!"胖大妈阴阳怪气地说道。

卡拉塔心头一怒,撸了撸触须就想冲上去,嘀嘀嗒赶紧挡在卡拉塔前面:"好了卡拉塔,你才刚醒过来,还是好好补充营养去吧!"

"哟,看来也不全是傻的嘛!唉,可惜救了个傻的哟!"胖大妈仍旧是不依不饶。这时,又一群来觅食的三叶虫涌了过来,

虫群一眨眼就被冲散了。卡拉塔还想找胖大妈理论，却发现她已经被淹没在茫茫虫海中了。

"卡拉塔，你别生气了，总有些不明真相的群众嘛。你还在恢复期，要不要我们再去吃一点？"

"不吃了！没胃口！"卡拉塔话刚说出口，又觉得有点后悔。想到自己一直这样对嘀嘀嗒大喊大叫，不免有些歉疚，"嘀嘀嗒，对不起哦，我这么吼你，你还救我。而且，还把功劳都给了球婆婆……"

"嗨，和我说这么肉麻的话干吗，我既然把你带过来了，就要对你负责。"嘀嘀嗒抖抖背甲，"不过，你这莽撞的性子是要改改，每次都这样可不行啊。这次也的确是多亏了球婆婆，帮我一起赶跑了海百合，还把我们带回家。不然我背着受伤的你，不知道会被多少更凶猛的动物瞄上。"

"哦，是这样，那我应该向球婆婆好好地道谢。"

"就是啊，走，我们回去吧！"嘀嘀嗒扶着卡拉塔，正要往回走。又一只胖胖的三叶虫突然游了过来："二位，那个……"

"怎么，你还想要吵架吗？"卡拉塔把她错认成了刚才的胖大妈。

"卡拉塔！你又冲动了！"嘀嘀嗒瞪了卡拉塔一眼。

"对，不莽撞，不冲动！"卡拉塔赶紧闭上眼睛，稳住自己的情绪。

"呃，那个，我是来替我妈妈说对不起的，刚才她的态度是不对。"胖胖的小三叶虫开了口，卡拉塔才知道她不是胖大妈。

"你不用说对不起啊，错的又不是你。"卡拉塔摆摆手。

"可是，可是……"小三叶虫看看周围，压低声音道，"我妈说得也没错，那个老婆婆，真的是个疯巫婆！"

"你可不要乱说话！"听她这么一说，卡拉塔顿时又有些不乐意了。

"是真的哦，她这些年啊，总缠着年轻的三叶虫，要他们帮她去送信。以前有几个虫虫去了，就再也没有消息了。我有一个好朋友，他可是我们这里最有智慧的虫虫，但是自从和疯老婆子说了一次话，就像着了魔一样，非要帮她去送信，可是一去之后，就再也没有回来过……"小三叶虫说到这里，哽咽了一下，"所以，你们一定要小心，千万别听那个疯老婆子的话，白白丢了性命！"

小三叶虫神神道道地说完，便转身离开了，留下卡拉塔和嘀嘀嗒愣在原地，表情一片凌乱。

"嘀嘀嗒，我怎么感觉，背后一阵凉飕飕的。"

"你别多想了，球婆婆是好心才收留我们的，她一定不会是大家口中的恶婆婆。"

二 疯老婆子

"就是啊，我也觉得虫心不会这么险恶的吧？可是，可是，刚才那个小朋友，看着就莫名地有说服力唉。"

"才不是呢！你看这段时间，球婆婆哪有跟我提过什么送信？我看这个小朋友说话的神情，她才像个疯子哩！"

"她都哽咽了好不好！"卡拉塔坚持道，"那个时候我还昏迷着嘛，她当然不会提啦！"

"卡拉塔！别说了！"

"你看，你也慌了吧？"

"什么乱七八糟的！这样吧，反正你的伤也好得差不多了，我们先回去，如果情况不对，就立马找个借口走人。"

"好！"

三　虫算不如天算

卡拉塔和嘀嘀嗒边游边聊，不知不觉就回到了球婆婆家的门口，可他俩犹豫着，谁都不愿意先迈一步。

"你们两个小伙子，傻愣在这儿干什么呢？快进去呀！"身后突然响起球婆婆的声音，把卡拉塔和嘀嘀嗒都吓了一跳。

他俩你看看我，我看看你，异口同声道："球婆婆，您怎么没在家里呀？"

"嗯，我也去暖流那儿啦，你们都吃饱了吧？"球婆婆慈祥地笑着，一边朝缝隙里游去。

"嘀嘀嗒，我看她思路还挺清晰的，不像是疯了呀。"卡拉塔拉住嘀嘀嗒悄悄地说。

"别瞎说！"嘀嘀嗒快走两步，跟上了球婆婆，"球婆婆，您吃饱了吗？"

"咳咳，我老啦，只能勉强吃两口。不像你们小伙子，年轻力壮消耗大，吃得多。"球婆婆咳嗽了两声，看来是身体不太舒服。

"球婆婆，您怎么了？"见球婆婆咳得厉害，嘀嘀嗒关切地问道。

"老毛病了，我这副身子骨啊，怕是吃不消再折腾喽。"球婆婆捂着胸口说。

"那，那有什么我们能帮您做的吗？"想到之前多亏了球婆婆的收留，嘀嘀嗒不禁想做点什么报答一下。

"嗐，没什么，没什么要做的。"球婆婆摆摆爪子，"要不，你们就听我说说话吧。"

"你看，我就说，球婆婆是心地善良的好婆婆吧！"嘀嘀嗒心想，他朝卡拉塔翻了个白眼，对球婆婆热情地说道，"婆婆您别和我们客气，有什么事，您就尽管说，我们义不容辞！"

卡拉塔听了这话，心里不禁一抖，拼命地朝嘀嘀嗒用力眨眼睛，那意思是说："嘀嘀嗒，你可千万不要乱承诺呀，万一球婆婆真让我们去送信了怎么办？！"

可嘀嘀嗒却毫不理会，仍然一副婆婆你说什么我们都照办的样子。

球婆婆回忆起过去，突然来了精神，滔滔不绝的话就像决堤的洪水般涌了出来："你们啊，别看现在这里好像很热闹的样子，我像你们这么大的时候，这里的居民有现在的几十倍呢，每天都有成团成团的食物从上面的水域漂下来那个时候啊，像今天的这种洋流，我们根本不稀罕。那个时候啊，我有好多兄弟姐妹，大家每天只知道玩耍，根本不用担心食物，也不用担心天敌，真开心啊。"

"哇哦，听起来真棒呀，我还以为现在这样算是热闹的了。"听到球婆婆的描述，卡拉塔不禁赞叹。

球婆婆低着头，用微弱的声音，慢悠悠地讲起了自己的故事："咳咳！我有个妹妹和我最亲，我俩每天一起觅食，一起玩耍，形影不离。可是，我们姐妹俩明明都处在一样的环境，吃的也都是一样的东西，她的脑袋瓜里却成天想着一些稀奇古怪的事儿……"

"什么稀奇古怪的事啊？"卡拉塔好奇地问。

"喏，比如说她总是在担心，要是有一天，我们的食物不够吃了怎么办？说什么，我们的体型要是变小一点，是不是就可以躲过风琴虾呀、奇虾呀这些天敌的追捕？甚至还说什么，我们是不是应该搬到其他的地方去住？我就想不通啊，她才就那么点儿大，哪来这么多奇怪的想法啊！喏，就和卡拉塔你差不多大……"

嘀嘀嗒捂着嘴笑了起来："嘻嘻，卡拉塔，球婆婆说你和她妹妹一样。"

卡拉塔不高兴地扭过头："哼，球婆婆才不是那个意思呢！"

球婆婆赶紧安慰道："咳咳咳，卡拉塔你别生气，我那个时候，也和嘀嘀嗒一样爱逗妹妹玩。每次她一说那些想法，我就

三 虫算不如天算

取笑她，说她想的跟我们都不一样，一定是爸爸妈妈捡来的，不属于我们这个地方。"

嘀嘀嗒笑得更起劲了："嘿嘿，就像有些家长总爱说，他们的孩子是抽奖送来的，垃圾桶里捡来的。"

这番玩笑话让卡拉塔想起了爸爸妈妈，不禁低下了头。

球婆婆却又陷入了自己的回忆之中："唉！我多希望当时没说过那些话啊。谁知道长大后，妹妹越发坚信自己的想法，还去村里游说，劝大家离开这里，去寻找别的家园。为了这个事儿，我们争了起来，结果她一生气，真的离家出走了，说是要去海床的另一边寻找真正的出路。她这一走啊，就再也没有回来过。咳咳……"

说到这里，球婆婆又是一阵猛烈的咳嗽，嘀嘀嗒赶紧上前，轻轻地拍起了球婆婆的后背，卡拉塔的心里酸酸的。

球婆婆喘了口粗气，接着说道："这里原本是多么富饶的地方啊，吃住无忧，天敌又少。可万万没想到，妹妹走了一段时间后，洋流带来的食物真的越变越少，天敌袭击的次数却越来越多，我们没办法，只好躲进大礁石里生活。现在再想想妹妹的话，觉得也许她有她的道理。咳……"

"球婆婆，您节哀，身体要紧啊。"嘀嘀嗒懂事地安慰道。

球婆婆说着说着伤心起来："在那之后，亲人们一个接一个在劫难中没了，我却侥幸活了下来。偶尔，也会想要去找妹妹，可是我已经老了，再没有能力踏出这里了。咳咳，我现在唯一的愿望，就是希望有人能替我把这颗小石子交给我的妹妹，这是我们小时候的一个约定……你们可以帮我把这个交给她吗？"

三　虫算不如天算

什么？！

"球，球婆婆，您要我们帮您送，送这颗小石子？！"卡拉塔和嘀嘀嗒瞬间僵在了原地。卡拉塔紧张地搓着小爪，真希望这只是球婆婆开的一个玩笑，"这，这不会，其实……是信吧？"

"小伙子，你真聪明！这颗石子就是我和妹妹的一个约定。"球婆婆见卡拉塔说话结结巴巴的，费力地挪动着身子想要靠近卡拉塔，"哟，你怎么了？连说话都不利索了，是不是伤口又疼了？"

看到球婆婆朝自己爬了过来，卡拉塔吓得尖声喊道："啊！没，没事，球婆婆您千万别过来！"

嘀嘀嗒用力瞪了他一眼，卡拉塔立马感到了自己的失礼，连忙补充道："我的意思是，您歇着，您歇着，这时间不早了，我们去外面再逛逛，就不打搅您休息了。"

说完，卡拉塔拽起嘀嘀嗒就往外走。"吁——"只听见身后传来了球婆婆多少有些失望的一声长叹。

"刚才幸好你反应快，不然我都不知道该怎么往下接话了。"爬出石缝，嘀嘀嗒拍拍卡拉塔，喘了口大气。

"什么？你也害怕了？！"卡拉塔惊讶地指着嘀嘀嗒。

"当然啦，刚才那个小胖子说得那么可怕，你又这么一惊一乍，我怎么可能一点不受影响啊。"嘀嘀嗒不耐烦地一把推开卡拉塔的爪子。

"你这演技可以啊！"卡拉塔调皮地晃着脑袋。

"不过我还是觉得，在事情没有搞清楚之前，我们不能仅凭那个小胖子的一面之词，就认定那些虫虫的命就是球婆婆害的。"嘀嘀嗒一脸严肃。

"可也不能排除这种情况啊。"卡拉塔撇着嘴。

嘀嘀嗒冷静地分析道："我是这样想的，她直接让同类去送命，这不可能，这对球婆婆有啥好处？但是那些失踪的虫虫呢，又肯定跟送信这事儿有关！"

"看你这模样，怎么我感觉不像是要帮球婆婆送信，倒像是要去破案啊！"听嘀嘀嗒这么一说，卡拉塔突然感觉一阵小小兴奋。

"随你怎么说吧，今晚我们先好好休息，明天一早再从长计议？"嘀嘀嗒说完，靠在一块岩石边躺了下来。

"行。"卡拉塔答应着，挨着嘀嘀嗒也睡下了。

第二天一早，两个小伙伴又回到了石缝里，打算向球婆婆问候早安。可是他们喊了好几声，球婆婆却没有任何回应，甚至连动都没动一下。

卡拉塔疑惑道："难道球婆婆看出了我们的想法，生气了？"

不对啊。嘀嘀嗒觉得，球婆婆能那么热心地帮助别人，心胸应该不会如此狭隘。他上前几步，轻轻地推了推球婆婆，这才蓦然发现，球婆婆早已浑身僵硬冰凉！

"球婆婆，球婆婆，您怎么了？快醒醒呀！"卡拉塔和嘀嘀嗒急得哭了起来。他们万万没有想到，昨天那一晚，竟是永别。

球婆婆静静地躺着，脸上还挂着一丝微笑。

卡拉塔和嘀嘀嗒感觉浑身的气力像被人一丝一丝地抽走，软绵绵地跌坐在了地上。虽然在这之前，他们也经历过与朋友的离别，但如此突然、如此决绝的分离还是第一次，这让他们措手不及。

望着安详逝去的球婆婆，一阵无名的悲伤向卡拉塔袭来，他难过地问道："嘀嘀嗒，如果那个时候球婆婆没有收留我们，我们会怎么样？"

嘀嘀嗒悲伤地说："肯定比现在糟糕了，那时候你的伤很严重，我背着你，连爬几步的力气都没有了。要不是球婆婆出手相助，还给我们食物，我们恐怕已经凶多吉少了。"

卡拉塔顿时心如刀绞。球婆婆总是那样的和蔼可亲，就像对待自己的孩子那般照顾他们，而自己却因为别人三言两语的挑拨，就对球婆婆心存怀疑。他们甚至都没注意到，球婆婆已经病入膏肓。想到这里，卡拉塔的胸口像被压上了一块大石头，

压得他喘不过气来，泪水更是止不住地涌出眼眶。

"球婆婆，对不起！"卡拉塔终于失声痛哭起来。

嘀嘀嗒望着卡拉塔，想要劝劝他，却不知道该说什么好。他的心里又何尝不难受呢？球婆婆那么热心、那么善良，可自己不也在球婆婆托付心愿的时候，犹豫推脱了吗？此时，他多么希望时光能够倒流，多么希望他并没有因为别人的闲言碎语而动摇，多么希望自己能够早点注意到球婆婆的病痛，多么希望当时能果断地答应下球婆婆的愿望……

然而这一切，都已经无法挽回了。

嘀嘀嗒强忍住泪水，语气坚定地对着一动不动的球婆婆发誓："球婆婆，我向您保证，我们一定把信送到您的妹妹手里！"

"嘀嘀嗒，我支持你！"卡拉塔伸出前爪，揽住了嘀嘀嗒。

就这样，两只小小的三叶虫，带着球婆婆的小石子出发上路了。

四　美丽陷阱

但是，球婆婆的妹妹究竟在哪里呢？他们感到一片茫然。

"对了，球婆婆好像说过，她妹妹说要去海床的那一边寻找出路！"卡拉塔突然一拍脑袋，指着前方说道。

"你还挺有脑子的！"嘀嘀嗒顿时来了精神。

湛蓝的大海变幻莫测，要在这种完全陌生的环境中找到海床的另一边，可不是件容易的事儿，好在来得正是时候的暖流，为他们指引了方向。于是，他们沿着暖流向着海床的另一边前行。

游啊游啊，眼前的小海草渐渐茂密起来，暗灰的细沙也变得越来越明亮，在透过的阳光的照射下，每一粒细沙仿佛都放射出不一样的光芒，虽然并不耀眼，但星星点点地组合在一起，显得甚是可爱。

在绿油油的水草和闪着微光的沙石中间，生活着不少形状各异的生物：有的长得像一条软软的舌头，不停地舔舐着礁石上的苔藓；有的像插着螺旋的热水袋，尾巴和身体一样长；还有的像一棵古树，枝干肉鼓鼓、圆嘟嘟的，枝头上有许许多多的分叉，整个身体就靠一条细细的腔与海床连接着……

卡拉塔被眼前神奇的景象给吸引住了，他这里瞧瞧，那里看看，充满了好奇。

"嘀嘀嗒，那是什么呀？你看这个家伙长得就跟舌头一样，还在舔石头哩，好好笑哦！"

"不知道了吧？看来你这小学霸，对于远古时代了解得不多啊。那个叫迷齿虫，是靠吃石头上的苔藓为生的。"嘀嘀嗒游到那个软软的"舌头"旁边，向卡拉塔摇摇触须，"你过来。"

卡拉塔凑近一看，才发现原来这条在舔礁石的"舌头"其实是一只弯曲的肉虫，他像蚂蟥一样叮在海床上，用锉刀一样的齿舌将海藻从岩石上一层层剥下来，然后吞进圆圆的嘴里。而旁边呢，那些像古树一样的东西，正用长长的"枝丫"过滤着海水中的小虫和食物残渣，然后就像吮手指那样，将"枝丫"上的营养物质全部吸入主腔之中。

"那这个像树一样的又是啥呢？"卡拉塔好奇心爆棚。

"这个叫爬腹虫，那边那个身体和尾巴各占一半的叫班府虫，这些虫子和我们三叶虫差不多，都是吃水中的营养物质和微小浮游生物的。"嘀嘀嗒耐心地讲解道。

"可是，他们这样进食，能够吃饱肚子吗？"卡拉塔感觉既新奇又疑惑。

"当然可以吃饱啦！你别看他们好像啥也没吃到，其实他们几乎每时每刻都在吸收营养。在这个古老的寒武纪，空气中的氧气很稀薄，所以大部分的生物还都是无脊椎动物。他们虽然看起来很柔弱，但却都有着能够在这个残酷环境中生存下来的独门绝技！"

"可是，直接捕食不是更快吗？"卡拉塔歪着脑袋问道。

"嗯，也是有的呀，比如奇虾、风琴虾、水母等等，就都是猎食动物！"嘀嘀嗒顿了顿，似乎想起了什么，"对了，还有之前你遇到过的海百合也是。他其实是一种能分泌神经毒素的棘皮动物，不过他只能依附在礁石上生长，自己不具备行动能力，所以你只要离得够远，就根本不会被抓去。"

"那天你到底是怎么了？怎么会被海百合骗过去的啊？"嘀嘀嗒试探地问道。

可是卡拉塔并不想去回忆那天的情景，更不愿意告诉嘀嘀嗒，自己之所以会被海百合诱惑，是因为和爸爸妈妈争吵赌气。他低着头，一声不吭地往前游去。

嘀嘀嗒见卡拉塔不愿回答，怕他又要赌气，再东闯西撞的，赶紧岔开了话题："卡拉塔，算你有眼福！你知道吗，这里的大部分生物后来几乎都灭绝了，有的甚至连现代近亲都找不到，许多科学家挖到化石的时候都完全不认识，只能用一些形容词来给他们命名。"

四　美丽陷阱

"是吗？用形容词来命名的呀？那还有些什么奇怪的名字呢？难道叫奇怪虫吗？还是叫漂亮虫？"卡拉塔终于又笑了起来，"哦对了，我想起来之前在梯田里，还有叫仙女虫的。"

"对啊，真的有，还有叫困惑虫的呢，哈哈哈。"嘀嘀嗒古灵精怪地说。

"咦，你看，天都快要黑了！我们才走了没多久啊，怎么这么快就天黑了呢？"卡拉塔抬起头，看着渐渐变暗的海水，惊讶得张大了嘴。

"这个嘛，因为现在是寒武纪啊，这时的地球自转比较快，一天不到24个小时的，所以天黑的会比较早哦。"

"是这样啊！"卡拉塔渐渐又忘了烦恼，他拉起嘀嘀嗒转起了圈圈，"是转得这么快吗？嘻嘻——"

两个小家伙就像两块刚掉下桌的硬币，拉着手一直转啊转。卡拉塔转累了，就靠在嘀嘀嗒的边上大口喘着粗气，小小的气泡从他的嘴里咕噜噜往外冒，然后一个接一个地向上漂去。卡拉塔望着那些气泡，面前是一望无际的深蓝，只见许多小小的颗粒漂浮在水中，他盯着这些小颗粒，慢慢地感觉眼皮越来越重，越来越重，最后竟不知不觉合上双眼，进入了梦乡。

不知沉睡了多久，卡拉塔忽然醒了过来，他睁开眼睛，发现周围已是一片伸手不见五指的漆黑，也听不到任何声音，这种寂寥的空旷感，让卡拉塔觉得有点儿害怕。

突然，远处一个可爱的小光点跳了出来，闪着蓝莹莹的微光，那个光点后面还跟着许许多多的小光点。这和卡拉塔圣诞节在广场上看到过的灯带完全不同，广场上的灯带虽然五彩缤纷，但都是按照一定的规律排列起来的；而眼前的这些小光点，时而聚起，时而散开，像是在玩耍，又像是在舞蹈，使得整条暖流变得像仙女手上的绸带，美好而梦幻。

四 美丽陷阱

"嘀嘀嗒，嘀嘀嗒，你快醒醒！"卡拉塔激动地摇晃着身边还在熟睡的嘀嘀嗒，"你快看那些蓝光，真的好漂亮啊，像小星星一样！"

"什么小星星啊。"嘀嘀嗒伸了个懒腰，一张眼，也被眼前的美景惊呆了。

"呜哇，真的是很漂亮哎！"他由衷地发出了赞叹。

"那我们快过去看看吧！"卡拉塔兴奋极了，嗖的一下，从沙地上蹦了起来。

"卡拉塔别冲动！你知道吗？海洋里有许多凶猛的动物，在游动时都是会发光的，虽然远看十分漂亮，但那其实是他们的捕猎手段。你一不小心啊，就被啊呜一口吞掉了！"嘀嘀嗒用威胁的口吻提醒道。

"好的，那我就远远地看看，绝对不会靠太近的！"卡拉塔嘴上答应着，不由自主地向前游去。

果然还是个贪玩的孩子啊。嘀嘀嗒赶紧追在卡拉塔身后，也朝着那片蓝光游去。

很快，卡拉塔就靠近了这场迷人的海中奇异秀。这时，他看到前面已经有两只虫虫捷足先登，冲向了光点群。虽然他也很想直接游进去一探究竟，但有了之前的教训和嘀嘀嗒的嘱咐，这一次卡拉塔谨慎了不少。

这时，两个有趣而又细弱的声音引起了他的注意。

"唉——唉——，好可惜——好可惜——"

"什么？"卡拉塔朝着周围看看，却啥也没发现。

"又是一个傻子——，又是一个傻子——"

"啊？你们在说谁啊？"卡拉塔觉得这声音就好像是在说自己。但边上根本又看不到谁呀，可能是自己想多了吧，于是他继续朝着蓝色的光点游去。

在快要接近光点时，卡拉塔放慢了脚步，他小心地观察着这群天赋异禀的生物：他们长得可真像水母啊，每一个的身上都有八条光带，就像一排排梳子一样，上面还有许多纤毛，不断地拨动着水流，使他们游动起来，这时候，光带就随波摇曳，非常优美。

看着这群神奇而美丽的小生命，卡拉塔觉得根本没什么危险啊，于是就小心地游上去搭讪道："嗨，你们好啊，我叫卡拉塔……"

"别过去，别过去。"那两个细弱的声音又在耳边响了起来。

"是谁？谁在那里说话？！"半路杀出了幽灵般的家伙，卡拉塔有点恼火。

"危险的，危险的；那些是栉水母，那些是栉水母；会吃了你的，会吃了你的！"小声音还在不断提醒着卡拉塔，但那声

四　美丽陷阱

音忽远忽近，飘忽不定。

卡拉塔愣了一愣，最终还是往后退了两步。

但是前面那两只虫虫就没有这么幸运了，他们刚被美丽的蓝光吸引进去，在那些小东西柔软的身体间穿梭，说时迟那时快，几个小光点就迅速围聚起来，紧紧地缠住了他们，咔嚓咔嚓两下，两只小虫被拗断了肢体。

卡拉塔吓得差点惊声尖叫，他捂住嘴巴连连后退，结果嘭地一下撞在了什么东西上面。

"哎哟喂，你这冒失鬼！"这抱怨声亲切熟悉，原来是焦急追过来的嘀嘀嗒。

"好疼！嘀嘀嗒，你这么莽撞干吗呀？"卡拉塔捂着脑袋。

"你还好意思说我啊，你才莽撞呢！跟见了鬼似的。"嘀嘀嗒不满地说道。

"哈哈，哈哈；可真逗，可真逗！"

又是这两个声音！幸亏他们的提醒！卡拉塔循着声音的方向，热情地招呼起来："嘿！刚才是你们提醒我的吧？真的要谢谢你们！"

"不用客气，不用客气。"这两个声音一前一后，听起来简直就像立体影院里的杜比环绕音。

"呵，你这才出去多久，就又交到新朋友啦？"嘀嘀嗒看到远处有块礁石上撒满了月光，赶紧招呼卡拉塔，"这里太黑了，不安全的，我们去那块有月光的礁石上聊吧。"

"好的没问题，好的没问题，好的没问题。"

这一次，两个神秘的小东西竟和卡拉塔同时答话，三个一前一后的声音瞬间就把大家都给逗乐了，于是他们一齐向前方的礁石游去。

四 美丽陷阱

五　小尼兄弟

借着浅浅的月光，嘀嘀嗒终于看清了这两个和人类拇指差不多大的小东西。他们虽然个头不大，但游动的速度极快，上蹿下跳超级活泼。

在嘀嘀嗒的印象中，远古的小鱼都是群居的，怎么会只有两条在这儿晃荡呢？于是他满腹狐疑地问道："你们是海口鱼吧，怎么就只有你们两个？你们的家人呢？"

"不告诉你，不告诉你。"两条小鱼绕来绕去，绕得嘀嘀嗒头都晕了。

"好了好了，别绕了。"嘀嘀嗒快被绕吐了，赶紧投降。

但是两条小海口鱼却来了兴致，嘀嘀嗒越求饶，他们反而绕得越起劲，逗得卡拉塔在一旁咯咯咯直笑。

"别绕啦！别绕啦！哼，我看一定是你们太调皮，才被家里人嫌弃了！"嘀嘀嗒气鼓鼓地说。

"真没礼貌！真没礼貌！"两条小鱼突然停了下来，没好气地瞪着嘀嘀嗒。

卡拉塔见状，赶紧打圆场："嘀嘀嗒，你别这样嘛，他们刚才还算救过我呢。"

"我怎么没礼貌啦！"见卡拉塔居然帮着外人说话，嘀嘀嗒生气地噘起了嘴。

"还容易生气，还容易生气。"两条小鱼见嘀嘀嗒还嘴硬，开始吐槽。

"好啦好啦，刚才过来的时候不都还好好的嘛。"卡拉塔尽量缓解着尴尬的气氛，"对了，我刚才都忘记介绍了。我叫卡拉塔，他是我最好的朋友嘀嘀嗒，你们叫什么名字呀？"

卡拉塔这么一说，他们很配合地不继续吐槽嘀嘀嗒了，开心地摇着尾巴自我介绍起来："我叫小尼，我叫小尼。"

五 小尼兄弟

两条小鱼笑眯眯地游来游去，声音虽然一前一后，可他俩长得一样，音色也一样，现在连名字都一样，这简直太让人崩溃了。

"这，这名字都一样，就不太好办了。我们该怎么区分你俩呢？"卡拉塔挠起了头。

两条小鱼看看对方，点了点头："那这样吧，那这样吧。"

"我叫小尼，先出生。"一条小鱼摆摆尾巴，向前蹿了一下。

"我叫小尼，后出生。"另一条小鱼紧跟着也向前蹿了一下。

"呵呵，先出生的先出声，就这差别？"卡拉塔还是有点蒙。

"这样吧。"嘀嘀嗒撇了撇嘴，提了一个折中的建议，"我看就叫你们小尼哥哥和小尼弟弟吧！"

"行啊，行啊。"两条小鱼有了新名字，高兴地围着嘀嘀嗒和卡拉塔又绕起了圈圈。

"好啦好啦，我们要去海床的另一边哩，被你们这么一绕，我都快要找不到方向了！"卡拉塔说。

"你们也要去河床的另一边呀？"小尼哥哥停了下来。

"我们也要去那里，要不要一起走？"小尼弟弟紧跟了一句。

"你们终于分开说话了。"嘀嘀嗒长吐了一口气。而卡拉塔听到两个有趣的小家伙和自己顺路，甭提有多开心了，他嚷嚷道："太好啦！那我们刚好路上有个伴儿。"

"唉，那个，我们还要再商量一下路线……"嘀嘀嗒见卡拉塔这么冲动，赶忙把他拉到一边。

"哎呀，你干吗呀！还商量什么呀！这海底你熟吗？你总没人家熟吧！而且就是两条还没我们一半大的小鱼，你怕什么呀！"卡拉塔被嘀嘀嗒扯得跟跟跄跄的，满脸不情愿。

"你知道他们为什么能游这么快吗？他们可是这个时代极少数拥有脊骨的动物，可以说是我们的始祖了！"嘀嘀嗒神情严肃地看着卡拉塔。

"那不是挺好的，我们可以和始祖近距离接触还不好啊。"卡拉塔实在不知道嘀嘀嗒在担心什么。

"卡拉塔！你要知道这里是远古，竞争关系有多么激烈，你别看他们好像没有攻击力，可一旦我们受了伤，他们就会迅速围上来撕咬我们的伤口，把我们吃干净的。"嘀嘀嗒说得煞有介事，声音也情不自禁地提高了。

"我们不吃你们，我们不吃你们。"小尼兄弟听到了嘀嘀嗒的话，赶紧游过来解释道，"我们吃东西也是看对象的，你们这么可爱，我们不吃你们。"

"你看，人家都这么说了。他们要是真想吃我，刚才放任我被那些水母咬死，捡剩下的不就好啦。"卡拉塔为小尼兄弟辩护道。

"嗯，好吧。"嘀嘀嗒勉强接受了这个理由。

"但是，那个不是水母，是栉水母！"小尼哥哥插了一句嘴。

　　　　　　　　　　　五　小尼兄弟

"对的，栉水母。"小尼弟弟依旧跟屁虫似的接了一句。

"栉水母不是水母吗？"卡拉塔偏着脑袋，一脸疑惑，"那是什么呢？"

嘀嘀嗒看到卡拉塔的这个表情，又好气又好笑："栉水母没有刺囊细胞，没有水螅型，中胚层有细胞结构……"

"啥？"卡拉塔依旧是一副完全听不懂的表情。

"简单地说，就是他们虽然都是腔肠动物，但是栉水母和水母的构成不同，体内含有的组成物质也不一样。"嘀嘀嗒尽量浅显地解释道。

"嗯，也就是说水母属于刺胞动物门，而栉水母就是栉水母门？"卡拉塔突然来了一个漂亮的回答，令嘀嘀嗒大吃一惊。

"不错嘛，看来有人回去好好做过功课啦！"嘀嘀嗒对卡拉塔的进步表示赞许。

但是一旁的小尼兄弟却听得一头雾水，小尼哥哥还在试图理解，神经大条的小尼弟弟却已按捺不住了："你们这是什么套路啊，又是这个门，又是那个门的，哎呀，不用商量了，去海床另一边的路，我们兄弟俩熟得很，只要直接穿过珊瑚宫和亲野大沙地，我们带你们走就好啦！哦，那里漂亮极了，你们一定会爱上那里的！"

"啊？不是沿着暖流走吗？"卡拉塔想起刚刚的栉水母群，

心想要是真的沿着暖流走，恐怕还要经历更多的危险吧。

"当然不用啦，那得绕多少路啊，从大沙地那里直接穿过去，快多了！"小尼哥哥得意地说。

"嘀嘀嗒，你看他们多有意思，而且还熟悉路，就跟他们一块走吧！"卡拉塔眨巴着眼睛，拼命朝嘀嘀嗒卖萌。

"好吧好吧，怕了你了。"嘀嘀嗒终于点头同意。

"好哟，好哟，我们可以一起走啦！"卡拉塔高喊着，冲过去抱着小尼兄弟，三个小家伙开心地打闹起来。

嘀嘀嗒呢，却在一旁忧心忡忡。他想起了上次和鸢哥的离别，真不知道是该替卡拉塔高兴呢，还是该替他担忧。

卡拉塔见嘀嘀嗒还愣在那里，跑过来一把将他拉了过去，四个小伙伴一会儿钻到礁石的缝隙里躲猫猫，一会儿又比赛起了谁转的圈圈多。周围的水域被他们搅得一片浑浊，却丝毫没有影响他们的兴致。

皎洁的月光像是一位善解人意的大姐姐，为他们照亮了夜间的游戏乐园。

不知不觉，天亮了。闹腾了一夜的小家伙们精疲力竭，一个个瘫倒在礁石上睡去了。

月儿跑到另一个半球去了，太阳又回到了这片海域的上方，阳光把海水照得暖烘烘的，卡拉塔和他的伙伴们醒来时，已经快中午了。

五　小尼兄弟

"咕噜噜——"卡拉塔的肚子里突然传出一阵声音，他摸了摸头，"嘿嘿，不好意思。"

"咕噜噜——"又是一阵声音，这回是嘀嘀嗒！

"咕噜噜——咕噜噜——"这一次，是小尼兄弟。

四个小伙伴你看看我，我看看你，都哈哈大笑起来。

"看来大家的肚子都饿了，我们先到暖流那里快速地补充一下，等到了大沙地，再饱餐一顿吧！"小尼哥哥提议。

"那些栉水母还在吗？"卡拉塔弱弱地问道。

"放心吧，这都一晚上了，他们早已漂远了。"小尼弟弟翻了个身，一个鲤鱼打挺，游到卡拉塔跟前。

"可是我觉得，我们还是应该在这里吃饱了再走。离开了暖流，食物肯定没有那么好找的。"面对未知的前方，嘀嘀嗒想做好万全的准备。

这时卡拉塔早就饿得不行了，他拽着嘀嘀嗒，紧跟在小尼兄弟后面："我肚子好饿啊，走吧走吧，别想那么多啦！"

小尼哥哥率先冲进了暖流，他摇着尾巴招呼大家："你们快来这儿哟，这儿好吃的超级多！"

卡拉塔迅速游了过去，老远地就张大了嘴巴，准备迎接食物。

"大家要吃快点哦，栉水母虽然游走了，但白天这里还是很危险的。"小尼哥哥飞快地吃了几口，就开始警惕地向四周张望。小尼弟弟看到哥哥这么快就停下了，也猛吃了两口就收住了嘴，紧紧地跟到哥哥身边，生怕发生什么意外。

太阳照耀着风平浪静的海面，阳光在层层微波的折射下，在水中一层一层地晕开，周围的一切清澈可见。卡拉塔优哉游哉地徜徉在食物的海洋中："哎呀，小尼哥哥，放轻松，你看现在的能见度这么好，有什么东西出现，我们立马就能发现的。"

平静的海面仿佛在赞同着卡拉塔安逸的想法，但海面下汹涌的暗流，却在悄悄地吞噬着那些毫无危险意识的生灵。在大多数以浮游生物为食的动物眼中，暖流就像是一个大自然馈赠的免费自助餐厅，是一个天堂。但在更高级的捕食者眼中，这里更像是屠宰场，无数的猎物被吸引过来，集中在一起，使他们可以在这里尽情地捕捉猎物。

一个饥饿而又贪婪的捕猎者，此刻正虎视眈眈地躲在暖流下方的礁石背后，他比三叶虫大了将近五倍，腹肢就像一把张开的手风琴，全身的铠甲更是坚硬无比。此时，他将盘扇尾和位于头部附近的前肢紧贴在地面上，为随时可能到来的捕食机会准备着。

卡拉塔对此毫无防备，毕竟他的伤才好没多久，食量要比平时大得多，何况他本来就是个贪吃鬼，面对眼前这些美味早已丧失了警惕。

悄然蛰伏的捕食者很快就注意到了卡拉塔，他慢慢地移向漂浮物较多的地方，准备伺机而动。

也许是长期在这片海域生存所训练出来的本能，小尼哥哥立马感觉到了有一股阴森的杀气从暗处袭来，他护着弟弟，游到卡拉塔的右前方，背对他们，小声地说："卡拉塔，嘀嘀嗒，别吃了，有敌人！"

听到提醒，卡拉塔和嘀嘀嗒立马停下来朝四周张望。这时，狡猾的捕猎者也迅速隐藏到了一团漂浮在水中的海草后面，悄悄地观察着猎物的动向。

"哪有什么东西啊？别大惊小怪的了！"卡拉塔张望了一番，并没有发现什么异常情况，便又把注意力放回到了眼前的美食上。

嘀嘀嗒却没有这么松懈，他慢慢游到卡拉塔的左后方，和小尼哥哥一起，分别从两个方向，将小尼弟弟和卡拉塔护在了身后。

捕猎者发现猎物有所提防，并没有立即掉头离开，而是缩起身子，耐心地等待着猎物露出破绽。

看到大家都是一副高度紧张的架势，卡拉塔也不得不提高警觉。他抹了抹嘴，皱着眉头，甩了甩颊刺，绷紧全身，仿佛一个随时准备开打的拳击手，四处张望着。然而看了半天，除了几团海藻和暖流里的食物，他什么都没看见。

"拜托，兄弟们，什么都没有哎，有什么好慌的啊，还是吃东西吧，我还没吃饱呢。"卡拉塔松开神经，正准备开吃。

突然，那个潜藏着的捕猎者像离弦的箭一般冲了出来，他用锥子一般尖尖的脑袋，对着卡拉塔的肚子直冲而来。

"风琴虾！小心！"小尼兄弟最先感知到了敌人的方向，失声惊叫起来。

可是卡拉塔却还没反应过来，他被这突然出现的庞然大物吓傻了，站在那里一动不动。

眼看卡拉塔就要命丧虾口，机敏的小尼兄弟迅速冲了过来，他们用力甩动着尾巴，两条还没有卡拉塔一半大的小鱼，竟用

五 小尼兄弟

力将他推到了一旁。

直冲过来的风琴虾错过了攻击卡拉塔的最佳时机，却阴差阳错地撞向了小尼兄弟。小尼哥哥反应到底快，他转身挡在弟弟的身前，兄弟俩一齐猛烈地撞在了风琴虾的肚子上。受到冲击的小尼弟弟顿时被弹出好远，好在有哥哥的保护，并没有受什么伤，可是小尼哥哥却被撞得失去了知觉，身体开始慢慢往下沉。

贪婪的风琴虾看到有猎物在往下坠，立刻朝小尼哥哥扑了过去，远处的小尼弟弟看到哥哥生命遭受威胁，奋力地摆着尾巴大喊哥哥，但距离实在太远了。眼看着庞大的风琴虾像离弦之箭，向哥哥追去，小尼弟弟急得快要哭了。

就在这个时候，嘀嘀嗒出现了，只见他一个鹞子翻身，从下方加速撞向风琴虾的尾部。失去平衡的风琴虾又扑空了，可陷入昏迷的小尼哥哥还在不停地向下坠。

"小尼！小尼！"小尼弟弟大喊着向下游去。

险些丧命的卡拉塔看到为救自己而不幸遇险的小尼哥哥，胸中顿时涌起一腔热血，他一把拦住小尼弟弟："我去救他，你快躲起来！"

重新找回平衡的风琴虾又恶狠狠地卷土重来，他已经被嘀嘀嗒彻底激怒了。

六 九死一生

怒火中烧的风琴虾疯狂地追逐着嘀嘀嗒，可嘀嘀嗒却凭借着敏捷的身手，成功地躲过了风琴虾的几个飞扑，一头藏进了一团大海藻的后面。

狂怒的风琴虾见状，就用头甲上的尖角猛戳起了海藻团。他戳着戳着，很快就靠近了嘀嘀嗒藏身的那团海藻。他一边撕咬着海藻，一边发出令人战栗的沙沙声。嘀嘀嗒感觉心都快要跳出来了，他举起球婆婆给的那颗小石子，做好了最后一搏的准备。

突然，风琴虾停住了，他一会儿歪脑袋，一会儿缩尾巴，一会儿又抻肚子，就好像着了魔一般。趁着风琴虾这股邪乎劲儿，嘀嘀嗒悄悄溜到了风琴虾的盲区，也就是他的肚子下方。

原来是勇敢的小尼弟弟呀！他正衔着一根小小的海藻，在挠风琴虾的痒痒呢。

嘀嘀嗒望了望远处的礁石，给小尼弟弟比画了一个暗号，然后转身游向沙地。混乱中的小尼弟弟虽然没怎么看懂嘀嘀嗒的比画，但他知道嘀嘀嗒肯定是有什么计划了，于是更加卖力地分散着风琴虾的注意力。

"嘿，大傻瓜，你过来啊，谁怕谁！"嘀嘀嗒朝着风琴虾大喊。

听到嘀嘀嗒的挑衅，丧失理智的风琴虾不顾一切地往沙地里冲。小尼弟弟顺势紧贴在风琴虾的腹肢上，也被带到了沙地中。愤怒的风琴虾丝毫没有察觉，当他一落到沙地上，嘀嘀嗒就用力扯开已经拔松的海草。一连串的海草被连根拔起，瞬间就搅起一片海沙，搅得海水浑浊不堪。巨大的风琴虾被细沙和海草迷了眼睛，气得团团乱转。

嘀嘀嗒趁机抓住小尼弟弟，向不远处的礁石缝隙方向飞快地游去。

另一边，卡拉塔拼命地划动着爬足，游向正在下坠的小尼哥哥。周围的光线越来越暗，小尼哥哥越坠越慢，最终消失在一片黑压压的岩石中。

"小尼哥哥，小尼哥哥。"卡拉塔小心翼翼地寻找着。

这里没有阳光的照射，光线特别昏暗，几乎看不清周边的事物，水温也不及浅海区的一半。不一会儿，阵阵凉意就在卡拉塔的爬足上蔓延开来，巨大的水压更是令他感到呼吸困难。黑暗的四周，不知道还潜伏着多少可怕的捕食者。

卡拉塔浑身颤抖起来。

"退回去吧卡拉塔！这样的环境别说救小尼哥哥了，你自己的小命也会被搭上的呀！"一个可怕的声音在脑中响起。

"你怎么可以这样？要是没有小尼哥哥的时刻警惕和舍身相救，你早就命丧虾口了！"另一个理智的声音在心中提醒道。

"可是，你不觉得冷吗？快回到暖流那里吧，那边不仅有很多好吃的，还可以让嘀嘀嗒带你回家。家里有暖暖的被窝、明亮的灯光，还有爸爸妈妈……"脑子里的声音不住地诱惑着卡拉塔。

"爸爸，妈妈……"想起自己一时冲动离家出走，卡拉塔真是懊悔不已。

"现在别想那些没用的，快想想小尼弟弟吧，别忘了你对他的承诺！"心中的声音继续劝告着卡拉塔。

"哼，那些承诺有这么重要嘛？累了吧，冷了吧，停下来歇会儿吧，喏，那边有一片舒服的地方，去歇会儿吧……"

"不行！卡拉塔，坚持住！"

"歇会儿吧……"

"要坚持住！"

"你们不要吵啦，我一定会找到小尼哥哥的！"卡拉塔大叫一声，甩甩脑袋，终于把两个争吵的声音从身体里赶跑了。

他望着前方，冷静下来分析起了眼前的状况：这里虽然水压较强，但并不是完全没有光线，应该还没掉到海沟的底部；四周这么冰冷，还有坚硬的石壁，说明是掉落在了海沟某个延伸

　　　　　　六　九死一生

出来的崖壁上。所以，这里的面积应该不会太大，只要仔细搜寻，一定可以找到小尼哥哥的！

　　卡拉塔借着昏暗的光线，开始细致地搜索起来。突然，周围传来一阵窸窸窣窣的声音，卡拉塔赶紧停下脚步，收起爬足，匍匐在石壁上，静静地观察着声音的来源。

　　一个背部覆盖着厚厚甲壳的半球状动物，正缓慢地蠕动过来。他的体型有卡拉塔的两倍大，身体两侧对称分布着密密的尖刺，这些尖刺不断地挥舞着，朝四周探来探去，偶尔有倒霉的微小生物刚巧路过，就会被他的刺捕捉到，一眨眼就卷入口中。

　　卡拉塔屏住呼吸，想要悄悄地退开。这时，那只大虫子呼啦啦又捕到了几只小小虫，就在他用尖尖的刺棘弯曲下来缠住猎物的时候，卡拉塔忽然看到了一个熟悉的身影，正孤零零地躺在尖刺虫偌大的背上。

小尼哥哥！卡拉塔一把捂住自己的嘴，生怕叫出声来，惊动了那只可怕的生物。看到小尼哥哥瘦小的身躯，卡拉塔很想直接冲上去把他给救出来，但是他知道，冲动只会让事情变得更糟糕。于是他冷静下来，看了看周围，然后捡起崖壁缝里的一颗小石子，试探性地向那只蠕动的尖刺虫扔去。

砰——，小石子砸在了尖刺虫身旁的石壁上，发出清脆的撞击声。

听到这声音，迷迷糊糊的小尼哥哥蓦然惊醒了，当他发现自己身处在一个尖刺笼罩的牢笼中时，不禁一阵颤抖。他焦急地摆动起尾巴，快速地摇晃着脑袋，想冲过尖刺的缝隙，可是，那密匝匝的尖刺快速地舞动着，根本没法冲出去。

在暗中悄然观察的卡拉塔，忽然觉得有些奇怪，于是他又试探性地扔了一颗小石子。果然，就在小石子划过那些尖刺的瞬间，所有的尖刺都弯曲起来，一齐朝着小石子的方向挥去。

嘿，我明白了！卡拉塔一阵窃喜。

不一会儿，他就在附近捡来了好多小石子，然后哗啦啦——哗啦啦——地朝着尖刺虫的两边分别扔去。果然，那只大虫身上密密麻麻的尖刺，就像遇到国王的人群，自觉地朝着两边分散，让出了中间一条宽敞的"大道"。

卡拉塔瞧准时机，迅速冲向尖刺虫裸露的脊背。小尼哥哥看见卡拉塔像神兵天将一般突然出现，竟呆呆地愣在原地。

卡拉塔大喊："小尼哥哥，快走呀！别傻愣着啦！"

小尼哥哥这才回过神来，他鼓起全身的力气，趁着那些尖刺还没有挥摆回来，就嗖地一下逃离了那个"尖刺牢笼"。

"卡拉塔，你怎么会找到这里的？"死里逃生的小尼哥哥这才感觉全身软绵绵的。

"来救你呗！此地不宜久留，我们上去再说吧。"卡拉塔上前驮起了虚弱的小尼哥哥。

底下暗无边际的海沟，就像一张巨型大口，只要稍有不慎，卡拉塔和小尼哥哥就会被吞入无尽的深渊。背着惊魂未定的小尼哥哥往上游，可不是一件轻松的事儿，卡拉塔感觉自己的爬足每滑动一下，都必须得使出吃奶的劲儿。

六 九死一生

面对巨大的心理压力和体力挑战，卡拉塔咬紧了牙关。他的耳边，仿佛有一个坚定的声音在时刻鼓励着他：卡拉塔，不要放弃！小尼弟弟还等着他的哥哥！球婆婆的信还没有送到！还有嘀嘀嗒，他还等着你呢！还有爸爸妈妈，还有老师和同学们，大家都等着你回去呢！这么多难关你都挺过来了，一定能坚持到最后的！

无数的牵挂，变成了一个个信念，汇成了一股强大的力量，支撑着卡拉塔奋力前行。即使爬足早已酸疼胀痛，即使全身的力气都快耗尽，即使不知道还要再坚持多久，他也没有丢下小尼哥哥，而是靠着那股信念，一刻不停地向上前进。

终于，浅海区越来越近了，周围的水压渐渐变小，海水也暖和亮堂了起来。看见松软的白沙和澄澈的海水，卡拉塔的心里长长地松了一口气。

"不得不说，活着的感觉真好啊！"体力透支的卡拉塔瘫倒在礁石边的沙地上，大口大口地喘着粗气。

小尼哥哥挣扎着游了过来："卡拉塔，真的太感谢你了！要不是你，我现在可能都在下面死了好几回了。"

"啊！小尼！小尼！"躲在礁石缝隙里的小尼弟弟见到哥哥回来了，兴奋地冲了出来。

"啊！小尼！小尼！"见到弟弟的小尼哥哥，也是分外开心，他们互相给了对方一个大大的拥抱。

"哎哟，我说卡拉塔，你这是怎么了？像块烂泥似的瘫在这儿！"嘀嘀嗒也游了过来，见卡拉塔平安无恙，顿时放下心来，忍不住又开始调侃。

卡拉塔呢，正在回味着勇救小尼哥哥的英雄事迹呢，他心里正美滋滋的，根本就不在意嘀嘀嗒的取笑。

不过，小尼哥哥可不愿意看到他的恩人被这样随意取笑，他冲着嘀嘀嗒皱皱眉头："你可别笑话他，卡拉塔可是一个大英雄呢！"说着，他就把刚才卡拉塔救他的过程仔仔细细地给大家说了一遍。

"哇！卡拉塔，你可真是太棒了！你是怎么知道，那个大虫子会去扑石子的？"小尼弟弟听完哥哥的叙述，一脸崇拜地采访起卡拉塔来。

"这个嘛，很简单啊！"卡拉塔有气无力地说道，"就是两个字：观察！"

"哈？你只要看看，就能发现那个大虫子的弱点啦？"小尼弟弟一副小迷弟的样子，满脸崇拜地看着卡拉塔。

嘀嘀嗒却已经猜到了事情的经过，他看卡拉塔实在已是疲惫不堪，索性替他补充起来："你们遇到的那个大虫子，应该就是

曙镰棘虫。这是一种软体动物，没有听觉、嗅觉、视觉，主要靠尖尖的触角来感知周围的环境并且进行捕食。卡拉塔应该是通过观察发现了这种虫子的特性，并且利用他的这种特性想办法把你哥哥救出来的吧。"

小尼兄弟一齐转向嘀嘀嗒，目瞪口呆地望着他："哇，你也好厉害哦，居然可以一下子说出这么多话！"

嘀嘀嗒气得直想扶额头：什么？你们的关注点居然是我一口气说出来的话比较多吗？！

卡拉塔见嘀嘀嗒这样子，扑哧笑了："嘀嘀嗒，这回你遇上对手了吧！人家根本没在意你的推理呢，哈哈哈！"

七 彩色迷宫

卡拉塔全身放松地深陷在细软的沙地里，回想起刚才恐怖的场景，再看看眼前的一切，他的内心顿时充满了暖暖的幸福感。

"好舒服啊。"他抻了抻爬足，惬意地闭上眼睛，在小伙伴身边慢慢地睡了过去。但是大海只有片刻的宁静，哪有长久的安逸啊。

悠闲的时光总是过得飞快，海水渐渐地被夕阳染成橘红色，周围的光线又暗了下去，水温也没有午后那般温暖了。

这种太阳即将落山的兆头，预示着夜间的捕食者就快要出来狩猎了。

嘀嘀嗒透过海水望望天色，然后推了推睡得正酣的卡拉塔："卡拉塔，卡拉塔，别睡了，该起来赶路了。"

"嗯——，"卡拉塔迷迷糊糊地哼唧了一声，依旧赖在原地，"我浑身没劲，让我再睡会儿嘛。"

嘀嘀嗒却毫不心软地继续摇着卡拉塔："我知道你还很累，但是我们该赶路了，要是天黑之前不能赶到安全的地方，我们的处境又会很危险的！"

"是啊，卡拉塔，穿过那片礁石就到亲野大沙地了，到那里

我们就会比较安全的。"小尼哥哥虽然很心疼卡拉塔，但是为了大家的安全，他也赞同嘀嘀嗒的提议。

"就是就是。"小尼弟弟自然附议。

"好好好，我起来，我起来。"卡拉塔见大家的意见都那么一致，只好勉强支起疲惫的身子，强打起精神与大家一同上路。

这片暖流已经招来了太多的捕食者，即将降临的夜晚更是危机四伏，他们必须尽快离开，绝不能再浪费一分一秒时间了。嘀嘀嗒扶着卡拉塔，向礁石的缝隙走去，已经完全恢复体力的小尼哥哥则和弟弟一道，一前一后地为他们引路。

通往大沙地的入口极小，大家只能在石缝中侧身行走，才能勉强通过。

他们就这样走啊走啊，走了大约有一刻钟，缝隙突然变得宽阔起来，头顶上的珊瑚礁也从单调的深棕色变成了明亮的黄色，上面还长满了各种五彩缤纷的活体珊瑚。卡拉塔顿时来了精神，他忍不住放慢脚步，仔细观看起来。

这片珊瑚的色彩均匀而又艳丽，不掺任何杂质，而且每一株珊瑚都有其独特的形态：有的宛如巨大的蘑菇，优雅的圆弧堪比最好的园艺师修剪出来的花草；有的就像一把鲜艳的扇子，周身覆盖着贵气逼人的正红；有的又恰似一簇鹿角，白中带粉，通透可人；有的则粗壮如树枝，肆意地向各个方向延伸舒展，仿佛向世界展示着自己旺盛的力量……

这些紧密相邻却又独自绽放的珊瑚，构成了各种巧妙而奇特的组合，让人不由得赞叹大自然的鬼斧神工。

"好看吧？我就说你们一定会爱上这里的！"小尼弟弟得意地摇摇尾巴，"不过不要离得太近哦，有些礁石上的生物可是会蜇你们的！"

"就像海百合那样吗？"听到"蜇"这个字，卡拉塔下意识地缩了一下身子。

"你还知道海百合呀？那你怎么连水母和栉水母都分不清啊？"小尼弟弟嘻嘻地笑着。

"嗨，他搞不明白的东西多了去了，不信你再问问他，这些珊瑚是怎么来的？"嘀嘀嗒又满脸嘚瑟地考起了卡拉塔。

"是珊瑚虫分泌出来的外壳呀！"小尼弟弟抢着说道。

"傻弟弟，他可没问你，他是在问卡拉塔呢。"小尼哥哥宠溺地笑着。

"哼，这根本就难不倒我！"卡拉塔昂着下巴，充满自信地说道，"听好啦！珊瑚虫在白色幼虫的阶段，就开始分泌出这些矿物质，自动地固定在先辈珊瑚的遗骨堆上，目的是能更加安全地生长。至于这种矿物质的成分嘛，就跟我们的眼睛一样，都是方解石，俗称'碳——酸——钙'！没错吧？哈哈！"说罢，

卡拉塔骄傲地跳到一旁，摆出一个胜利者的姿势，准备迎接热烈的欢呼声。

可小尼兄弟听他一下子讲了这么一大堆话，都愣住了，生怕他接不上气来。

"咦，你们别傻待在那儿啊，掌声呢？欢呼声呢？"没有出现想象中的效果，卡拉塔有点失望。

小尼兄弟继续一脸蒙，因为他们没有背鳍和腹鳍，根本没有办法鼓掌；而嘀嘀嗒呢，看着神气活现的卡拉塔，却冷不丁地来了一句："说话中气很足嘛，力气都回来啦？那我们快点赶路吧！"

"啊，啊，对，对，赶路，赶路。"小尼兄弟默契地恢复杜比环绕模式，和嘀嘀嗒一前一后向前游去。

"唉，你们等等我呀！"卡拉塔见大家一点都不理解他的幽默，只好悻悻地追了上去。

大大小小的珊瑚礁丛，形成了许多弯弯绕绕、地形复杂的岔路，卡拉塔追着追着，来到一株大红色的珊瑚前，这时小伙伴们竟都不见了影儿。

卡拉塔以为小尼兄弟和嘀嘀嗒都故意躲起来了。"哼，我才不上当呢，我一点都不着急！"他尽量保持着镇定，慢下脚步观赏起了眼前的红珊瑚。

这红珊瑚真漂亮啊！虽然以前在博物馆也见过红珊瑚，但这么鲜艳美丽的红珊瑚，卡拉塔还是第一次见到。他左看看，右看看，过了很久，还是没有听到小伙伴的声音，这下他就有点着急了。

"嘀嘀嗒！小尼！"他大喊着，但是周围静悄悄的，除了自己的心跳声，就只有咕噜咕噜的流水声了。

卡拉塔有些焦躁起来，他瘪着嘴继续高喊："嘀嘀嗒——嘀嘀嗒——，小尼——小尼——，你们在哪儿呀？"

一边喊着，卡拉塔一边加快了脚步，在各色珊瑚之间蹿来蹿去。可是不一会儿，他发现自己又走回到了刚才那株红珊瑚跟前。于是他又往另一个方向快速游去，但是绕着绕着，嘀嘀嗒和小尼兄弟并没出现，那株恼人的红珊瑚倒是又出现在眼前了。

"啊——啊——！"卡拉塔快要抓狂了，他腿脚一软，瘫倒在地。

当他抬起头，穿过层层叠叠的珊瑚礁丛时，看见头顶有一小片湛蓝的海水，那么遥远，那么陌生。虽然身处在这样一个华美的场景中，周围的一切也都清晰可见，可是卡拉塔仍感到深深的不安。

"嘀嘀嗒！小尼！你们快出来，一点也不好玩！"卡拉塔紧紧地贴着地面，已经极度没有安全感了。

突然，远方传来了一阵唰啦唰啦的声音，那声音由远渐近，

越来越急促。卡拉塔再次抬头，发现头上那片湛蓝的海水已被一群黑压压的虫子占领。这群虫虫争先恐后地朝着珊瑚礁的缝隙里挤来，本就不怎么宽敞的空间，顿时变得十分压抑，弄得卡拉塔快喘不过气来。

发生什么事了？卡拉塔很想找个虫子问问，但是那些虫虫就像鳗鱼一样灵活，呼啦啦地全都往珊瑚丛的深处游去了，而那些行动稍微慢些的虫子，似乎也根本不想搭理他。

好不容易又有一只虫子从卡拉塔身旁经过，他赶忙问道："嘿！嘿！发生什么事啦？"

这条虫虫比卡拉塔略大一些，身上有30多个关节，眼睛旁还一对短短的触角，后半部的尾巴微微上翘着，尾巴的顶部还有一个小黑点，他的全身都是暗淡的咖啡色，在艳丽的珊瑚中显得格格不入。

"你还愣在这儿干吗？还不赶快逃命！"虫虫瞪着疑惑的大眼睛，话音未落，就滑动着爬足蹭蹭蹭地往前游去。

"什么，逃命？"卡拉塔还没反应过来，那些五花八门的虫虫转眼都已经消失在了四面八方的岔路中。

逃命！卡拉塔终于清醒过来。可是该往哪里逃呢？他病急乱投医，朝着刚才那只虫虫消失的拐角，拼命地往前游，但邪门的是，没游多久，他又中邪一般绕回了红珊瑚前！

"啊！怎么办，怎么办？"精神一直高度紧张的卡拉塔，已经被无助感彻底包围。

"哈哈哈，你就老实待在这里吧，你是出不去了的！"一个浑厚的声音穿过珊瑚的缝隙，从水中嗡嗡嗡地传来，在卡拉塔身边来回萦绕着。

"我不要！我不要！嘀嘀嗒，你快出来！"卡拉塔缩在珊瑚角上，呜呜呜地哭了起来，"对不起，我错了！我错了！"

"你错了？说说看，你错在哪儿了？"那声音听来沉稳笃定，既像长者的聆讯，又像寺庙的钟声，渐渐地印入脑中，挥之不去。

卡拉塔鬼使神差地答道："我，我不应该嘚瑟。不对！我，我不应该和爸爸妈妈赌气，不应该和嘀嘀嗒说要来这里，我要回去！我要回家！呜哇——"

此时的卡拉塔就像个在公园走丢的小孩子，号啕大哭起来。他再也不管会不会招来更可怕的怪物，也不管会不会有谁看到他这个糗样了。此刻他就是忍不住想放声大哭，他要把心里所有的委屈、不安和难过通通发泄出来。

"怎么，原来就是这样？"哭累了的卡拉塔，隐隐地听到红珊瑚背后有什么东西在低语，他抹抹眼泪，小心翼翼地靠了过去。

突然，一个古灵精怪的脑袋从红珊瑚后探了出来："你怎么回事啊？在这里哇啦哇啦地哭鼻子，快走了啦！"

居然是嘀嘀嗒！卡拉塔开心得冲上去就是一个熊抱："嘀嘀嗒，吓死我了，你跑哪里去了？"

"我一直就在这里啊？"嘀嘀嗒疑惑地睁着圆圆的眼睛。

"哦，别说了！我们要快点走，逃命要紧！"

"逃命？这里有危险吗？我怎么一点感觉都没有。"嘀嘀嗒不解地看着卡拉塔。

"什么？你刚才，没有看到一堆大虫子跑过去吗？有一只，眼睛旁边还有触角的。"卡拉塔边说边手舞足蹈地在脸上比画着。

"没有啊，卡拉塔，你不会是又被什么东西蜇到，出现幻觉了吧？"

"我……哎，也许吧，对了，怎么没看到小尼兄弟呢？"卡拉塔晃晃脑袋，想想上次被海百合刺伤的经历，也就勉强认可了嘀嘀嗒的说法。

"小尼兄弟就在我后面啊。"嘀嘀嗒转过身，朝后面努努嘴。

卡拉塔歪过脑袋去看，果然是有两条小鱼的尾巴在红珊瑚后面晃动，隐隐还传来了"谢谢，辛苦啦，辛苦啦"的声音。

卡拉塔往前爬了两步："小尼，小尼，是你们吗？"

小鱼尾巴嗖地一下缩了回去，卡拉塔皱起了眉头："嘀嘀嗒，那不是小尼兄弟啦，你看刚刚我那么大声地叫，他们都没有反应！"

"你们在这儿嘀嘀咕咕什么呐，赶紧走吧，天要黑啦。"小尼兄弟忽然从卡拉塔的背后游了出来。

八　亲野大沙地

　　"喂——小尼兄弟，你们是从哪里蹿出来的？"卡拉塔满脸诧异。

　　"别啰唆了，还不快走，一会儿你可真出不去咯！"嘀嘀嗒推了推卡拉塔。

　　"嗯？你怎么知道我走不出去的？"卡拉塔心头的疑团一点一点地膨胀起来，但是嘀嘀嗒却头也不回地向前游去，根本就不给卡拉塔说话的机会，卡拉塔只好加快脚步跟了上去。

　　"喂！嘀嘀嗒，问你呢，你怎么知道我刚才走不出去的呀？"卡拉塔声情并茂地描绘起来，"刚才呀，真的好诡异哦，我跑来跑去，总是跑回到了大红珊瑚的前面，简直就像鬼打墙一样！真的吓死我了。我还以为你们都不管我了，我再也走不出去了呢！"

　　"嘿嘿。"嘀嘀嗒神秘地一笑，"肯定吓得不轻吧？不知道是谁，刚才还在那里鬼吼鬼叫的，说什么爸爸妈妈对不起，我要回家！我要回家！"

　　卡拉塔被说得满脸通红。

"我说干吗平白无故的，非要来没人的地方呢，怎么，是和爸爸妈妈吵架了？"

卡拉塔赶忙心虚地摆摆手："没有没有，肯定是我刚才被珊瑚蜇到了，所以就出现了幻觉。你不是说珊瑚啊，海葵啊什么的，触角都会分泌神经毒素吗？可能是我中毒了，所以就说胡话了吧。"

死要面子的卡拉塔，竟把刚才的行为都归罪到了珊瑚的头上。不过，他可以说谎骗嘀嘀嗒，却骗不了自己的内心。他心里很清楚，刚才在极度恐惧中说的那些话，绝非是胡言乱语。要是世上真有后悔药，他一定会收回对爸爸妈妈发的那些火，说的那些话。

唉，要是爸爸妈妈能花点时间，弄明白事情的前因后果，然后原谅我就好了。卡拉塔这样想着，默默地跟在嘀嘀嗒和小尼兄弟后面。

有了小尼兄弟在前面带路，那些奇奇怪怪的岔路再也没有迷惑到卡拉塔。不一会儿，眼前的视野渐渐开阔起来，细软的沙地像波斯的手工毛毯一样铺展开来，一直延伸到远处的礁石边。沙地的尽头，是茂密而高大的海草丛，就像森林一般郁郁葱葱。

"我们到啦！这里就是亲野大沙地。你们可以随意走走，这里很安全的。喏，那边还有好多食物，饿了就尽管过去吃。我们先去跟几个老朋友打个招呼。"嘱咐完毕，小尼哥哥便带着弟弟朝海草丛游去。

卡拉塔朝小尼哥哥指的方向看去，只见礁石、海草与沙地组合成了一口巨碗的形状，无数的浮游生物和食物残渣仿佛雪花一般，正从上层水域纷纷扬扬地洒落下来，很快就在沙地上堆积起了厚厚的一层。旁边茂密的海草和凸起的礁石，就像筑起了一道天然的屏障，保护着这一大堆食物。大型捕猎者基本都在上层水域活动，极少有其他动物跑来侵扰，所以这片沙地就成了虫儿们的一个世外桃源，大家在这里尽情地玩耍，尽情地饱餐。

不过，爱观察的卡拉塔很快就发现了一个奇怪的现象：之前在其他海域见到过的小动物，比如说水母呀，三叶虫呀，迷齿虫呀，班府虫呀，等等等等，都是好多同类群居在一起的；或者干脆就像风琴虾、曙镰荆虫那样，完全是形单影只、独来独往的。可这儿呢，群聚在一起的，却是各式各样长得完全不同的小动物！

卡拉塔望着那些大大小小、奇形怪状的小生物，忽然有一种似曾相识的感觉。

这时，一只长着五个眼睛的小家伙游到了卡拉塔跟前的不远处，用长在头上的大螯在沙地里不停地摸索起来。他的旁边，一只和曙镰荆虫长得很像，但是周身却覆盖着板甲的蠕虫正缓慢地爬动，还有一只浑身是刺的虫虫，正高昂着脑袋，跟另一只眼睛旁有一对触角的虫虫玩海草球呢。

眼睛旁有触角的小虫！卡拉塔心里咯噔一下：这不就是刚才让自己快跑的那只虫虫吗？他怎么会在这里！

"嘀嘀嗒，你看那边玩球的两只小虫，他们是谁呀？"他一把拉过嘀嘀嗒。

嘀嘀嗒正津津有味地研究着别的小动物呢："你看这个威瓦西虫，也是周围长满了荆刺的蠕虫，像不像你之前遇到过的曙镰荆虫啊？还有那些舌型贝，哇！好可爱哦，多像一个个小豆芽呀，这种生物现在都还存在哦，是比银杏还要古老的活化石呢！还有这么小的欧巴宾海蝎，你看你看，他居然有五只眼睛！还滴溜滴溜的……"

"哎呀，我问的是那两只啦，那两只玩球的！"见嘀嘀嗒完全不理会自己，卡拉塔有些生气了。

"哦哦，你说的是那个浑身长刺的？他叫仙掌滇虫，跟他一起玩耍的是抚仙湖虫。"

"仙掌滇虫，抚仙湖虫。"卡拉塔轻声念道，"这边这些虫虫，都是小尼兄弟的朋友吗？"

"是啊，怎么啦？"嘀嘀嗒漫不经心地答道。

"你们是不是事先就串通好了的？！"卡拉塔突然用恍然大悟的眼神盯着嘀嘀嗒，"我感觉，我在红珊瑚里见过他们！"

嘀嘀嗒见卡拉塔有所察觉，慌忙掩饰道："幻觉！幻觉！"

"喂——，卡拉塔，嘀嘀嗒，快过来，我给你们介绍我的好朋友。"卡拉塔正想继续追问，只见小尼兄弟带着一条鳗鱼般的虫虫向他们游来，"这位是小皮，这片沙地的头领。"

卡拉塔抬头一看，妈呀！这只虫虫竟然没有头，只在身体的一端长了一张小小的嘴巴，嘴巴旁边还有两条短小的触须。他的身体非常柔软，就像灵活的水蛇一样在水中"之"字前行。

"你好啊，小皮。"嘀嘀嗒友好地向小皮打起了招呼。

卡拉塔却还仍在恍惚中，他呆呆地盯着小皮，又回头看看正在玩球的仙掌滇虫和抚仙湖虫，更加确定刚才在红珊瑚丛中见到的就是这帮家伙。

嘀嘀嗒见卡拉塔傻愣愣的，悄悄拉了他一把："这是皮卡虫，你看到他灵活的身段没？他背上有一条脊索，就是原始的脊椎，比海口鱼还早哟，是最早的高等动物呢！所以你最好有点礼貌！"

"啊，你好！"卡拉塔象征性地点了点头，问候了一声。

"卡拉塔，你在想啥呀，心不在焉的。"自从认识了卡拉塔和嘀嘀嗒后，小尼弟弟的话越来越多了。

"哦，那个，我在想……"卡拉塔顿了顿，终于说出了心中的疑问，"大家不都应该是群居生物吗？可是这里的小动物，怎么都不跟家里人生活在一起呢？看起来，感觉好像是在一个学校里……"

大家忽然都沉默了，咕噜咕噜的水声和其他小虫虫们打闹的声音从远处隐隐传来，气氛显得有些凝重和微妙。卡拉塔用力地抿着嘴，真后悔自己提了这样一个烂问题。

"你是觉得，我们看起来像孤儿？"小皮率先打破了僵局。

"啊，没有，没有……"卡拉塔忙不迭地否认。

小皮却显得异常平静，他微笑着说道："没错，我们这里的兄弟姐妹，大多数都在族群遭受敌人袭击时失去了家人，有的甚至一出生就成了孤儿，连其他同类长什么样子都不知道。但幸运的是，上天赐给了我们这个地方，让我们能够安稳地生活。在这里，大家就是彼此的家人，我们也欢迎你们加入这里！"

小尼哥哥回头看着沙地里正在嬉戏打闹的伙伴们，动情地说："我们这里有一大半的伙伴，都是小皮救回来的，他还教会大家如何隐藏和利用自然环境，要没有他，大家恐怕早就不存在了，所以大家都推举他当我们的头领。"

"利用自然环境？你指的是那个红珊瑚迷宫吗？"卡拉塔对

于古生物的生存智慧特别感兴趣。

"当然不止这些啦，就一个迷宫，怎么能挡得住那些贪婪的猎食者！"小尼弟弟夸张地说道。

"嚯嚯，我说那红珊瑚怎么那么邪门，果然是你们做出来的迷宫啊！"卡拉塔不满地撇撇嘴。

嘀嘀嗒见状，赶快岔开话题："真的很感谢您的邀请，不过小皮，我们只能在这里稍作休整，因为我们还有一个很重要的任务，得帮一位故人去送信。"

"噢，那你们就先好好休整休整吧！"小皮不愧为头领，说话就像一个沉稳的大哥哥，小小的身躯给人一种很温暖、很可靠的感觉。

大家正说着，一大片细细的海草忽然从两旁的礁石上漂落下来，沙地里的泥沙不知被什么搅动起来，顿时变得混浊不清。

"怎么回事？"卡拉塔还没反应过来。

"嘘！"小尼兄弟却极为敏捷地将卡拉塔一把拽进了一块礁石缝里。

好像有很严重的事情即将发生！卡拉塔回神看沙地上，刚才还在玩乐打闹的小虫虫们仿佛瞬间蒸发一般，一个影子都看不见了。

周围的水流变得杂乱起来，海草随着一股股乱流，大幅度地摇摆起来，珊瑚虫惊慌地收起了触手，全都钻到了壳里。一大片黑乎乎的阴影，渐渐覆盖过来。

卡拉塔瞪大了眼睛，看见沙地的上方垂下两条长长的柱子，那柱子的顶端有两颗大大的圆球，正在滴溜溜地打量着四周，巨大的叶片掀起阵阵乱流，搅得卡拉塔脚下的沙地都在隐隐晃动。

莫非，这就是大名鼎鼎的奇虾！卡拉塔猛然想起之前在博物馆查阅古生物资料的时候，有看到过这种动物的照片。你看那硕大的体型，凶狠的长相，圆盘形的嘴巴上长着几十个吸盘，巨眼下方是粗壮的钳子，上面还有无数的尖刺，没错，眼前这个巨型怪兽应该就是奇虾！

巨大的奇虾在沙地的上方盘旋着，卡拉塔已经吓得瑟瑟发抖，而嘀嘀嗒则神情镇定地拽紧了卡拉塔，并且腾出一只爬足，悄悄地摸向了胸口的银色小口哨。

情况实在太凶险，他不得不做好随时脱身的准备。

小皮和小尼兄弟一言不发地趴在海草丛中，死死地盯着奇虾。

"一，二，三，冲！"突然，小皮快速甩动尾巴，一跃而起冲向那只庞然大物，而小尼哥哥仿佛和小皮有心灵感应一般，也瞬间腾起，两个小家伙飞速游到了奇虾肚皮下的盲区，勇敢地扑棱着尾巴，组成了一个环形。

不一会儿，远处传来了咚、咚的声音，奇虾愣了一愣，立即摆动船桨一般的叶足，朝着那声音的方向游去。半米多长的叶足猛烈地搅动着海水，掀起了一连串小旋涡，把散落在水中的好多食物都给带走了。

过了好一会儿，余下的一些食物残渣，还在海水中漂舞着，并且慢慢地沉淀在沙地上。等到沙地上又积起一层薄薄的食物，

八　亲野大沙地

小动物们才又陆续出现了。舌型贝从沙地里探出一根根的小舌头，左边的海草丛和右边的大礁石里，也重新游出许多小虫子，大家又恢复到了奇虾来临之前的样子，除了厚厚的食物变薄了，其他仿佛什么都没有发生。

　　"呀，你哥哥和小皮呢？"卡拉塔惊叫起来。

　　"是呀，怎么没看到他们？不会是被奇虾搅起来的旋涡带走了吧！"嘀嘀嗒的心也揪了起来。

九　沙地秘境

"不会不会，你们瞧！"小尼弟弟指着大礁石的顶端，开心地说道。

大伙朝大礁石顶端的一个洞口望去，只见小皮和小尼哥哥正在击尾欢呼呢。

"呼——，刚才好惊险呀！"卡拉塔长吁了一口气。

"惊险？才不呢！你以为刚才的咚咚声是哪里来的？"小尼弟弟骄傲地看着卡拉塔，"这种情况啊，我们不知道演练过多少回了！"

这时，小皮和小尼哥哥也正朝大伙身边快速游来。

"真没想到，你们出去了这么久，对这些防御措施还是这么熟悉，真不愧是鱼类啊，脑子就是好用！"小皮一边游，一边夸赞着小尼哥哥。

"不不不，我只不过是在一旁协助你而已，要不是你的计划周全，我的记性再好也没用啊。"小尼哥哥谦虚道。

"我不过是组织大家一下而已，主要还是靠大家的配合，才能发挥出好的效果啦！"小皮被说得有些不好意思起来。

卡拉塔和嘀嘀嗒却听得一头雾水，不过他们俩都隐约地感觉到，刚才大家能够成功躲过奇虾的威胁，肯定不是偶然的。

"你们在说什么呀？听起来好像很厉害的样子。"卡拉塔终于耐不住好奇地问道。

"喔，刚才我忘了给你们介绍，"小尼哥哥轻轻摆动尾巴，转身指着礁石的上方，"你们看那儿，那就是我们的安全系统！"

卡拉塔顺着小尼哥哥指的方向望去，在刚才海草掉落下来的那片礁石上，几只很小很小的迷齿虫正在缓慢地移动着，他们的肤色与礁石十分相近，若不仔细看，很难发现他们的存在。

"那是我们最好的哨兵，他们能灵敏地感应到水流的变化，一旦发现危险，就会撒下海草通知大家。"小皮耐心地讲解道，"还有那边的沙地和海草林里，都有舌形贝和虫虫们一起挖出来的地道，大伙接到哨兵发出的危险信号后，就会按照事先安排好的路线，迅速撤离或者隐蔽起来。"

"喔，怪不得大家这么有条不紊，而且消失得这么快，原来是早有准备的啊！"在一旁听得入神的嘀嘀嗒，忍不住用敬佩的口气赞叹道，"小皮，你真细心啊，连撤离路线都想得这么周到！"

"嘿嘿，你以为只有这些吗？我们可不只是躲着哦！"小尼弟弟故意夸张地停顿一下，想要制造神秘感，"不不不，这只是开始而已，好戏还在后头呢！"

"还有好戏？"卡拉塔张大了嘴。

"当然了！你想想，我们这么多弱小的虫虫，光靠逃避怎么行？躲得过初一，躲过得过十五吗？"小尼弟弟用无奈的眼神瞥瞥卡拉塔，"你们这些三叶虫啊，个大壳硬，实在是过得太安逸了！"

"所以你们又想出了什么好主意呢？"嘀嘀嗒好奇地问。

"嘿嘿，我们还有一套调虎离山的系统！你看沙地的尽头，就是那片礁石的深崖边，我们安置了一个特别大的鹦鹉螺壳，

当捕食者追杀过来的时候，我们只要将一些小石块扔进螺壳内，石头就会撞击螺壳，发出咚咚咚的声音，并且会放出很大很大的回声。"小皮一讲起他的创意，顿时神采飞扬，沉稳的气质中又多了一分兴奋和专注，"入侵者听到咚咚声，注意力就会被吸引过去，你们知道吗？大型捕猎者的眼睛，都对移动的物体特别敏感，这时石子刚好滚出鹦鹉螺的另一端了，入侵者以为是什么好东西，就会扑过去追那些石子，然后就和小石块一道，掉进大礁石的深崖里去啦……"

"哇，这么厉害啊。"卡拉塔对这个安全系统的每个细节都十分感兴趣，忙不迭地问道，"可是，你们怎么能确定，入侵者一定会注意到那些从螺壳里掉出去的石块呢？"

"这个当然是要看准时机再开始行动啦。"小尼弟弟骄傲地指着自己的哥哥，"所以嘛，这个光荣而又艰巨的任务，就得靠我哥和小皮来完成啦，因为他俩最有经验！"

"哦，原来刚才你俩冲出去，是在发号施令呀！"卡拉塔被这群小动物的智慧给彻底折服了。他没想到，在如此恶劣的自然环境下，这些原始的动物们为了生存下去，居然能开动脑筋，想出这么聪明的防御办法。

"你们实在是太了不起了！"卡拉塔咽了口口水，眼神中充满了期待，"我们可以去看看那个鹦鹉螺吗？"

"当然可以啊！"小皮很高兴自己的作品受到新朋友的重视，就一口答应了。

"这样吧，小皮，这些布防还得重新布置一下，你这边也走不开，就由我们兄弟俩带他们去参观吧。"说着，小尼哥哥朝弟弟挥了挥手。

"好的，那你们一定要小心啊，最近鹦鹉螺周围一直不怎么太平，老有些不明来历的外来客在那边转悠，看起来好像不太友善。"小皮提醒道。

"知道啦，我们会注意的。"小尼哥哥点点头。

"走喽！好久没见到马房叔叔啦，还有他的跟屁虫们，怪想的呢……"小尼弟弟兴冲冲地跟在哥哥后头，朝着沙地深处游去。

"马房？这里还有马？"卡拉塔冲口而出，但马上就觉得自己太可笑了。这可是寒武纪呢，连鸟类都没有的时代，怎么会有哺乳动物呢！

"瞧你心急的，去看看不就知道了吗？"嘀嘀嗒宽厚地拍拍卡拉塔，很难得地没有取笑他。

"好啦，别尽顾着说话，快点走啦！"小尼哥哥在前头催促道。

"来啦，来啦。"卡拉塔和嘀嘀嗒赶紧快步追了上去。

大沙地不愧是小尼兄弟的主场啊，一路上，小尼哥哥轻盈地甩动着小尾巴，不断地和小动物们打招呼，就好像是巡回演出的明星一样，可风光了。活泼的小尼弟弟也是东蹿蹿，西跳跳，一会儿在沙地上旋转，转成一个小小的旋涡，逗得大家直笑，一会儿又躲进海草丛中，在拐角的地方又突然跳出来吓大家一跳。

"喔哟，吓死我了，吓死我了。"嘀嘀嗒还很配合，故意直拍胸脯，逗得大家都前仰后合。

不一会儿，他们就来到了沙地最边缘的鹦鹉螺哨岗边。

"马房叔叔！马房叔叔！"小尼弟弟跑到一株海绵前面，脆生生地呼唤起来。

"是谁呀？"一条长满小触须的蠕虫从海绵的口子里探出脑袋，"哎哟，是小尼啊，好久不见啦，怎么样，外面好玩吗？"

"很好呢，大叔你还好吗？对了，这是我们在外面遇到的朋友——嘀嘀嗒和卡拉塔。"小尼弟弟有模有样地介绍着。

"你好，马房叔叔。"卡拉塔十分有礼貌地打起招呼。

"哦，你们好，你们好。小尼啊，你怎么想着来看叔叔啦？是不是怕叔叔无聊啊？"马房叔叔逗着小尼弟弟。

"才不是呢，哼！马房叔叔你有那么多跟屁虫，哪轮得上我啊。"小尼弟弟故意酸溜溜地说。

这时，几只像极了保龄球的迷你虫呼啦啦地从海绵口子里蹿了出来，尖着嗓子指着小尼哥哥："小尼，你又叫我们跟屁虫！是不是皮又痒痒了？！"

　　"哈哈哈，小尼，你看，他们又认错啦哈哈哈哈。"小尼弟弟哈哈大笑起来。

九　沙地秘境

这几条保龄球似的虫虫，居然连小尼的一半大小都不到，不要说头了，连眼睛都没有，迷你得一塌糊涂。

"你看你看，他们长这么小唉，好可爱哦，连手脚都没有，这怎么保护自己呢？"卡拉塔拉住嘀嘀嗒，悄声问道。

"怎么保护？很简单啊，就和小尼弟弟说的那样，当跟屁虫呗！"嘀嘀嗒咧咧嘴，得意地向卡拉塔炫耀道，"你又不知道了吧？这几只迷你小虫，是吸盘古宿蠕虫，他们一出生就能找到宿主，并且为宿主清理表面的死皮。当然了，宿主也会为他们提供庇护，这个就叫共生关系。你看那个马房叔叔，他其实是中华马房古蠕虫，体形长，行动慢，真是再适合不过的宿主人选了。"

"这些小蠕虫好厉害啊，既可以拿宿主的死皮填饱肚子，又能让宿主来保护自己，牛！"这些远古生物的生存智慧让卡拉塔由衷赞叹。

"小尼啊，你们过来找我，究竟有什么事啊？"马房叔叔一本正经地问道。

"马房叔叔，我们是带他俩来看看鹦鹉螺的，他们对这个很感兴趣呢。"小尼哥哥恭恭敬敬地说。

"啧啧，你说他俩长得都一模一样，怎么性格脾性会差这么多呢？"嘀嘀嗒小声嘀咕道。

“就是啊，要是他们不说话，我还真分不出他俩谁是谁呢。”卡拉塔小声附和。

　　“哦，原来是来看鹦鹉螺的啊，那你们过去吧，不过要小心点儿啊，最近老有坏人来搞破坏。”马房叔叔窝在海绵里，有些紧张地说。

　　“哈，不和你们这群小家伙闹啦！”小尼弟弟一听马房叔叔同意了，立马丢下那几条小蠕虫，朝一堆杂乱的苔藓海草游去，“卡拉塔，嘀嘀嗒，你们快跟我来！”

　　卡拉塔和嘀嘀嗒赶紧停止感叹，紧跟着小尼兄弟来到了海草丛边。

　　金色的阳光透过澄澈的海水照射下来，仿佛为高大而又茂盛的海草丛涂上了一片耀眼的光芒。一个巨大的鹦鹉螺壳，像一座倒塌的宝塔，静静地斜躺在海草丛中，黑黑的洞口仿佛怪兽张大了的嘴巴，正对着小伙伴们。

九　沙地秘境

这是一只半插在泥土里的直壳鹦鹉螺，笔直的壳体与地面呈15度倾斜，洞口的边缘遍布着绿油油的苔藓和蓬松的海草，海草下面隐约露出一些红白相间的波浪形螺纹，如果不是小尼兄弟指点，真的很难将它与周围的景物分离开来。

"就是这里啦！这就是鹦鹉螺顶部的小口子，我们就是从这里把石头扔下去的！"小尼哥哥快步上前，守在洞口讲解起来，"我们发现这个鹦鹉螺壳的时候啊，它已经在泥土里插了很久很久啦，不过保存得很完整，除了这个口子上破掉一点点，下面的出口那里，几乎连一条裂痕都没有。"

"下面的出口？在哪里呀？我怎么没看到？"卡拉塔东瞧瞧，西看看，一脸的疑惑，"这个鹦鹉螺明明是插在泥土里的，那扔进去的石头不是都跑到土壤里去了吗？"

"哈哈，下面的出口很大，正好对着礁石边的深崖呢，你当然看不到啦。"小尼弟弟神秘地眨眨眼，率先钻进了洞里，"嘿，这个鹦鹉螺壳可长可长了，你们想看吗？快进来呀，我带你们走捷径。"

卡拉塔和嘀嘀嗒满怀新奇地跟了进去，但是洞里黑压压的一片，根本什么都看不见。

"小尼，你快别胡闹了！"洞外传来小尼哥哥焦急的声音。

"小尼弟弟，你在哪儿啊？"卡拉塔在黑暗中慌里慌张地摸

索起来。

调皮的小尼弟弟却故意不出声，悄悄地游到卡拉塔身后，猛地推了一把："走吧，坐滑滑梯咯！"

"啊——"卡拉塔突然觉得身体猛然下坠，吓得张大嘴巴，下巴都快要掉下来了。

"卡拉塔！卡拉塔！"嘀嘀嗒听到卡拉塔的惊叫，不顾一切地向前扑去，结果脚下一滑，也坠入了深渊之中。

"兄弟们，别害怕，我来啦！"小尼弟弟腾地纵身一跃，自己也顺着螺壳嗞溜嗞溜地滑了下去。

十　巧合还是天意

"啊——，啊——，救命啊——，救命啊——！"卡拉塔一路没命地尖叫着。

突然，咻咻两声，卡拉塔和嘀嘀嗒只觉得眼前一亮，一前一后跌出了鹦鹉螺的另一端口子，跌进了一片空旷的水域。

"哎哟喂，下面是深渊呢！"卡拉塔低头一看，顿时一阵头晕。他赶紧趴到礁石的崖壁上，大口地喘着气。

"嘶，卡拉塔，你有没有觉得……"嘀嘀嗒也贴到了石壁上，皱着眉头，用一只爬足捂着屁屁。

"嗯，是有一种难以言表的疼痛！"卡拉塔苦着脸，和嘀嘀嗒尴尬地对视。

原来，他们在螺壳里一路滑溜下来，屁屁已经被螺壁磨得火辣辣的啦。

就在卡拉塔和嘀嘀嗒趴在礁石悬崖上不知所措的时候，螺口蓦然响起一阵沉闷的欢呼声："乌拉——，乌拉——，哈哈，好爽啊！"

那声音由闷变脆，越来越清晰，最后又是咻咻两声，小尼兄

弟像两枚小小的子弹，从螺口快速射出，射在了卡拉塔和嘀嘀嗒面前，在水中呼啦啦转了好几圈，这才缓缓停下。

"咯咯咯，太好玩儿啦，还是自己家的滑滑梯最有意思！"小尼弟弟涨红着脸，兴奋地扭扭尾巴。

"还笑！跟你说过多少次了，别拿这个当滑滑梯，这里不安全，要是招来了敌人可怎么办！"小尼哥哥绷着脸严肃地说。

"好好好，我知道啦。那不玩滑滑梯了，走，我带你们去看一个可好玩的小家伙！"小尼弟弟的情绪一点没受影响，他沿着礁石峭壁，欢快地向前游去。

卡拉塔和嘀嘀嗒也紧跟着游了过去，他们游啊游啊，很快游到了一片荒凉而陌生的沙地。在几株稀疏的海草边两块大石头跟前，小尼弟弟停下了："你们看，那儿。"

卡拉塔朝两块石头间的缝隙望去，只见一条长约1厘米的小蠕虫悬在水中，正在缓慢地左右摆动着头部，仿佛在寻找什么东西。有趣的是，这条虫子的上半部分两侧，规则地分布着好多强壮的尖刺，可下半部分的身体却又细又长，上面还带有马蹄形的钩钩，头和尾巴都朝上微翘着。

"你们猜猜，这家伙是仰着的，还是趴着的呀？"小尼弟弟调皮地昂着脑袋。

卡拉塔正看看，倒看看，实在分不出哪个是它的正面，不禁大为疑惑："这到底是什么动物呀，长得这么奇怪。"

"嘻嘻，这个是怪诞虫。"嘀嘀嗒捂着嘴，凑在卡拉塔耳边小声说，"这种虫子的确是很容易搞混的，以前还有学者真的弄反过呢，居然还在学术刊物上出了好大的洋相哩。"

"连专家学者也搞错啊？"卡拉塔挠挠脑袋，"那，到底哪边是他的腿啊？"

"下面带爪子的，才是他的腿。"嘀嘀嗒笃定地说。

那只小怪诞虫可能感觉到了这边的动静，慢慢地转过头来，

十 巧合还是天意

对着小尼兄弟咧开了嘴，像是在痴痴地傻笑。

"哈哈，你们看这个虫虫的样子，好蠢萌哦。"几个小家伙围着那只小小的怪诞虫，嘻嘻哈哈地大笑起来。

就在这个时候，周围的沙地猛烈摇晃起来，连那几株稀拉的海草都不禁一阵一阵地乱颤，沙地里的沉积物转眼间泛了起来，水很快变得十分浑浊。

"不会吧！我们的笑声有这么厉害吗？"卡拉塔吓得一把抓住了嘀嘀嗒。

"看样子，像是有什么大家伙走过来了。"嘀嘀嗒也紧紧拽住卡拉塔，神情紧张地观察着四周。

哐！哐！

随着脚步声渐渐逼近，一个硕大的身影在浑浊的水中一点一点现出了轮廓。

"这，这么大的怪诞虫！"嘀嘀嗒差点失声尖叫起来，"不可能啊，据地质书上记载，怪诞虫最大也只有1厘米啊，怎，怎么会有这么大的！"

这只硕大的怪诞虫几步冲到那两块小怪诞虫藏身的石头跟前，抬起爪子往沙地里一通乱抓。泥沙顿时被翻得像一朵朵蘑菇云似的腾起，海水变得越发浑浊了。

"不好，是那小虫虫的妈妈，她以为我们要欺负她的孩子，发怒了！"见那恼怒的大怪诞虫转身来追他们，小尼哥哥赶紧拖起目瞪口呆的卡拉塔，在水中四处逃窜起来。几个回合下来，大怪诞虫全都扑了空。

"咦，这大家伙好像视力不怎么行啊，我们不用这样瞎跑吧？"嘀嘀嗒边跑边说。

"咳咳咳，我看还是赶紧逃吧，你看她这么横冲直撞的，搞不好会被她踩个半死！"卡拉塔被水里的细沙呛得直咳嗽。

"大家别跑了！"小尼哥哥忽然停下了脚步，转头望着那只大怪诞虫，"嘀嘀嗒说得对，怪诞虫是眼盲的，刚才我一紧张，都给搞蒙了。"

大家于是立刻待在原地，保持着静止不动的姿势。大怪诞虫突然失去了目标，也只好停下动作。

漂散在水中的泥沙慢慢沉淀下来，海水又清澈起来。

卡拉塔悬着的心这才稍稍放下了一些，他开始东张西望，想找个更好的藏身之处。突然，他瞥到了沙砾堆中的小怪诞虫正在朝他诡异地一笑，便下意识地喊了一声："大家小心！"

大怪诞虫听到声音，迅猛地举起爪子，朝卡拉塔这边重重地抓了过来。

这下完了！卡拉塔本能地缩成一团，闭上了双眼。

咚！他感觉自己被什么东西重重地撞了一下，睁开眼睛，竟

十 巧合还是天意

发现自己已经躺在了几步之外的沙地上。他一抬头，看到了不远处站着那只大怪诞虫，爪子上有一条熟悉的小尾巴正在剧烈地挣扎着。

"小尼哥哥！"卡拉塔失声惊叫。

就在大家惊慌失措地准备冲上去救回同伴的时候。一股强力的水流骤然间扑面而来，刚刚起身的卡拉塔又被重重地打回原地。

"不好啦，奇虾又来啦，大家快跑呀！"远处传来一片嘈杂的呼喊声。卡拉塔艰难地支起身子，正想往上游逃窜，一股更大的水流将他和小伙伴们重重地压在了地上。接着，他们最害怕的东西——奇虾出现了！

这只奇虾最大幅度地摆动着叶足，以极快的速度冲向大怪诞虫。就在大家以为小尼哥哥可以趁机逃脱大怪诞虫的爪子之际，万万没想到那只奇虾竟张开血盆大口，啊呜一下，就将那只大怪诞虫一口吞进了嘴里！

"小尼！"卡拉塔和嘀嘀嗒一齐惊呼起来，而那只奇虾速战速决地吞进了一条大怪诞虫后，就心满意足地转身离开了，把惊魂未定的卡拉塔、嘀嘀嗒和小尼弟弟丢在了沙地上。

十一　终有一别

　　水流终于又恢复了正常的柔和，泥沙重新沉淀下来，水草也不再东倒西歪，但卡拉塔还是呆呆地坐在原地，没有回过神来。

　　刚才的一切，实在太惊悚，也太残酷了！这一切仿佛都在电光火石间发生，又在白驹过隙间恢复平静。

　　过了半晌，卡拉塔终于缓过劲来，他的心里顿时像被淋了滚烫的开水一样，又疼又急："小尼哥哥！你在哪呢！你在哪呢！"说完，卡拉塔用力抹去眼角的泪水，一步一步地爬起来，在沙地中摸索寻找着。

　　"卡拉塔，别找了，小尼哥哥已经被奇虾吃了……"嘀嘀嗒说着，眼泪忍不住哗哗流了下来。

　　"骗人！骗人！小尼没事的，小尼没事的！他肯定是像上次一样，被撞晕了，我得去把他找回来！"卡拉塔见小尼弟弟面无表情地坐在那里一动不动，以为他还没清醒过来，就扑过去拼命地摇晃着他，"你怎么还不起来，快去找你哥哥啊！你不是最喜欢他的吗？"

　　"找什么？找小尼？"小尼弟弟眼神空空的，不知道在看哪

里，又好像哪里都没看，"我就是小尼啊！"

"对，你是小尼，但那个也是小尼！他是你的哥哥，亲哥哥！"卡拉塔突然怒从中来。

"哥哥是小尼，弟弟也是小尼，小尼不就是我吗？"小鱼抬起悲戚的眼睛，看看嘀嘀嗒和卡拉塔，转身往沙地的深处游去，嘴里还在絮絮叨叨地说着，"我在，小尼就在，那还浪费力气，去找什么？"

"回来！你给我回来！呜呜——，你还有没有良心啊？你哥哥以前救过你多少回？你居然都不去找他……"卡拉塔抽泣着，说不下去了。

"已经不在了，再找回来的，还是他吗？"小尼冷漠地抛下这句话，继续游向远处。

"你这个冷血的家伙！根本不值得兄弟对你这么好！滚吧，滚得越远越好！"卡拉塔嘶吼着，挥舞起爬足想追上去教训小尼，却被嘀嘀嗒紧紧拉住了。

"你别拦着我！别拦着我！"卡拉塔骂骂咧咧着，一次次推开嘀嘀嗒，却被嘀嘀嗒一次次拉回来，而小尼竟头也不回地消失在了沙地的尽头。

嘀嘀嗒见小尼消失了，这才松开了卡拉塔。

"你为什么要拦着我，为什么不让我教训他！这家伙连自己的亲兄弟都不管，还配这样全身子全尾巴地回去过安逸的生活吗？"卡拉塔面色铁青牙关紧咬。

"可是，你在这里骂骂咧咧的有什么用？"嘀嘀嗒强忍着悲痛说，"我们再怎么责怪小尼，他的哥哥也不会回来了啊。"

"不！奇虾吃的是大怪诞虫，不是小尼哥哥，他一定还在的，我要去找他！"卡拉塔固执地喊道。

"可是刚才小尼哥哥被怪诞虫抓在手里了啊。"

"那又怎么样，反正我没有看到小尼哥哥被奇虾吃掉！"说着卡拉塔又开始在沙地里翻找起来。

整片沙地看上去毫无任何头绪，卡拉塔只能盲无目的地到处翻找。时间不知过去了多久，天色渐渐暗了下来，卡拉塔越找越无力，越找越迷茫。小尼哥哥到底在哪里呢？莫非真的已经被奇虾吃掉了？想到这里，一种无助的感觉就像无形的虫子，一点一点地啃噬着卡拉塔的意志。

渐渐地，卡拉塔的爬足失去了知觉，但他仍不断地透支着自己的体力，凭着意念的惯性继续寻找着。也许是上天都被他的执着感动了，就在卡拉塔快要坚持不下去的时候，沙地里忽然露出了一小块熟悉的银白色鱼皮。

"嘀嘀嗒，嘀嘀嗒！在这里，你快来看，小尼哥哥在这里！"两个小伙伴焦急而又小心地挖去泥沙积土，终于把小尼

十一 终有一别

从沙土堆里挖了出来。

可是，那熟悉的面孔却仿佛一尊毫无血色的石像，曾经炯炯有神的双眼，此刻已彻底黯淡无光，而曾经充满温暖的笑脸，也早已僵硬苍白。

卡拉塔感觉到心在一阵阵地收紧，泪水不自觉地从眼睛里喷涌而出，耳边瞬间成了真空世界，所有声音戛然而止。

嘀嘀嗒见卡拉塔这副失魂落魄的样子，也不知该说什么，只好静静地坐在卡拉塔身边，陪着他一起落泪。

"小尼，小尼……"卡拉塔口中喃喃地念叨着，脑海里一幕幕地浮现出他们相遇时的情景：第一次在暖流边，看到栉水母；一起在月光下嬉戏，相互打闹；遇到风琴虾时，小尼的奋不顾身；在鹦鹉螺口，一起开怀大笑……

太阳已经完全消失在海平面上了，海洋里又变成了一个静谧而黑暗的世界。除了海水的冰凉，卡拉塔已经没有其他任何感觉了。嘀嘀嗒费了好大的劲儿，才把他拖到了一个隐蔽的石缝里坐了下来。

"嘀嘀嗒，"卡拉塔深吸一口气，目光迷失在被黑夜浸染成墨色的海水中，"都是我的错，我不应该大叫的，如果我没喊那一声，怪诞虫根本找不到我们，小尼也不会遭到这样的厄运……"

"不，你也是为了提醒大家，你没有做错！"嘀嘀嗒赶紧宽慰道。

"唉，我不应该好奇心这么重，非要来看什么鹦鹉螺。如果不来的话，就不会发生这么多事了……"

"其实，要说错，我也有错。明知道这里危险，我不应该放任他们两个带你们来这里的。"小皮不知什么时候游了过来，面色凝重地说道。

看到小皮，卡拉塔心中又涌起一股悲伤，哽咽道："小皮，小尼哥哥他……"

"他已经回亲野大沙地去了。"小皮语气十分沉重，"他说，你们肯定不会再想回那里去了，让我过来给你们指个路……"

"什么？小尼哥哥回亲野大沙地去了？你搞错了吧？"嘀嘀嗒瞪大了眼睛。

"那个逃回家的才不是小尼哥哥呢，小尼哥哥已经……"卡拉塔又生气又难过。

"唉！"小皮深深地叹了一口气，"你们真的觉得，活下来的是小尼弟弟吗？"

"什么意思？！"望着小皮一脸认真的样子，卡拉塔和嘀嘀嗒都震惊了。

小尼哥哥和小尼弟弟实在长得太像了，刚才不幸牺牲的究竟

十一 终有一别

是哥哥还是弟弟？这个问题他俩的确都没有认真去想过。只是凭着关键时刻勇敢地冲出去救伙伴的那股子献身精神，卡拉塔和嘀嘀嗒早已在潜意识里认定了那应该是小尼哥哥。现在被小皮这么一说，他俩的脑子霎时凌乱了。

"我记得第一次遇见小尼兄弟的时候，他们的神情和刚才的你们一模一样，迷茫、彷徨而又无助，对于一切事物都只有空洞的眼神，满脑子都是消极的想法。"小皮抬起头，凝望着穿越层层水波的月光。

"啊？他们怎么会……"嘀嘀嗒有些意外。

"那时候，他们的家族正准备迁徙，结果不幸遭遇了奇虾的猎杀，几乎全族覆灭，只有他们兄弟俩侥幸逃脱。后来我遇到了他们，就把他俩带回了亲野大沙地。我花了好长的时间，才慢慢帮助他们打开心扉，重新振作起来。"

"那后来呢？"听小皮说起小尼兄弟的往事，卡拉塔的情绪渐渐平复下来。

"从那以后，小尼兄弟好像一下子长大了许多，特别是小尼哥哥，总是拼了命地保护别人，所以你们只要仔细看，就会发现小尼哥哥身上的伤痕特别多。"小皮望着卡拉塔，肯定地说道，"但是这一次，小尼弟弟也表现得特别勇敢！"

"啊，这么说，冲过来救我的，真的是小尼弟弟！"卡拉塔简直不敢相信，向来调皮不懂事的小尼弟弟，关键时刻竟然会为了救他牺牲自己。但是他刚才分明看得很清楚，他和嘀嘀嗒从泥沙中挖出来的小尼，身上光溜溜的一点伤痕都没有。

小皮点点头："是啊，小尼哥哥说他也没想到，弟弟会这么勇敢。其实那个时候他也冲出去了，但弟弟竟箭一般地冲到了他的前面。"

卡拉塔的心里顿时像打翻了五味瓶，不知该说什么才好。他既为自己不问青红皂白地错怪小尼弟弟而后悔不已，又困惑如此疼爱弟弟的小尼哥哥，为什么会让自己的弟弟暴尸荒野？

聪明的小皮从卡拉塔的眼神中读出了他的心思："也许，对于你们这些庞大的种族来说，全族灭绝的情况几乎是不可能的，但是像我们这样脆弱的生物，随时都会在浩瀚的海洋中横遭厄运，朝不保夕啊。所以，个体的保存，对于我们整个种族的存亡来说，是至关重要的。"

"什么意思啊？"卡拉塔不解地回头望望嘀嘀嗒，心想，既然那么重要，小尼哥哥为什么不把弟弟的遗体找回来，而是管自己先跑了呢？

"呃，这个……"嘀嘀嗒一时也不知该怎么解释。

十一　终有一别

　　"你以后会慢慢理解的。"小皮说着，顺着沙地边缘稀稀拉拉的海草指向远方，"小尼说，你们应该是要去找球接子目的三叶虫。等天亮了，你们就往那个方向一直走，等越过一大片礁石，就会出现许多海绵，那里应该就是你们要找的地方了。"

十二 道歉的艺术

第二天，天刚微微亮，海水就从墨黑又渐渐变成了点点的晶蓝。

迷迷糊糊地睡了一夜，卡拉塔总算恢复了一些体力。

他情不自禁地想到了小尼弟弟，心里又是一阵疼痛。这时，他看到还在睡梦中的嘀嘀嗒，手里正抓着一颗小石子，心里猛地一颤。

那不正是球婆婆在临终前，托付给他们的信吗？他忽然觉得，自己再难过，也还是应该先去完成答应球婆婆的事情。

他用爬足推推嘀嘀嗒："嘀嘀嗒，天亮了，快醒醒吧，我们得走了。"

嘀嘀嗒睁开迷迷瞪瞪的双眼："嗯，你确定，你没问题？"

"我没事，起来吧，我们抓紧赶路。"卡拉塔拉起睡眼惺忪的嘀嘀嗒，朝着小皮指的方向出发。

一路上，卡拉塔紧噘着嘴，低着头，只管倔强地往前走。嘀嘀嗒看到他这副样子，真怕他憋坏了，便忍不住停下脚步，严肃地说道："卡拉塔，你想说什么，就说出来吧……"

卡拉塔终于憋不住了，他猛地抬起头，眼泪顿时像水龙头一样飙了出来："呜——，我，我就是想不通啊，小皮说的那些话，还有小尼哥哥为什么突然不管弟弟了，还有，还有球婆婆怎么突然就死了，这些我都想不明白啊。呜——，为什么，这么多美好的生灵，都会这么脆弱呢？这么轻易，一下子就没了……"

"唉，卡拉塔，动物世界就是这样的，旦夕祸福没有办法预知，这就是自然生存法则。"嘀嘀嗒长叹了一口气。

卡拉塔捂着胸口："可是嘀嘀嗒，我觉得好难受啊，难受得快要呼吸不过来了，心里空空的好像快要死掉了！"

"我知道，我知道，我能体会你的感受。但是你相信我，会过去的，都会过去的。"嘀嘀嗒心疼地抚摸着卡拉塔的头。

"可是怎么过去啊，什么时候才能过去啊？"

"开始的时候，就像现在这样，想到心里就会紧一下，紧一下，是很难受的。但是慢慢地，等你经历了更多别的事情，就不会再觉得那么难受了。"

"那是不是就等于，我会忘记他们，忘记小尼弟弟，忘记球婆婆啊？我不要，我不要。"卡拉塔说着说着，又哭了起来。

"不会的，不会的，你还是会记得他们，永远记得他们。只是那个时候，你经历多了，就会明白，生命是一个过程，是一种体验，它会不断地被一段又一段的记忆所谱写、覆盖，直到生命的尽头。"

　　他们一边说一边走，不知不觉就走出了那片悲伤的沙地，然后又翻过了一片大礁石。

　　这时，太阳已经升到了头顶，刺眼的阳光将荒凉的海底照得一清二楚。可是嘀嘀嗒一心在给卡拉塔讲道理，竟然没注意到前方有东西挡住了路。

　　咚的一声，他的脑袋突然撞上了什么东西。

　　"嘶，这是什么呀？好疼！"嘀嘀嗒揉揉脑袋。

　　十二　道歉的艺术

同样没有专心走路的卡拉塔听到嘀嘀嗒的喊声，赶紧抬头，发现眼前是大片大片白柱的状障碍物。

"嘀嘀嗒，你看这里像不像马房叔叔住的地方啊？"

"嗯嗯，应该是到了海绵的地方吧？"嘀嘀嗒想起了小皮说过的话。

"谁啊？这么冒冒失失的，扰我的清梦！"一只迷你版的三叶虫从海绵口中钻了出来，这只老态龙钟的小虫子脑袋又圆又扁，触须短短的，只有三个胸节，长得像个简化版的卡拉塔。

卡拉塔顿时看得目瞪口呆，问候的话也变得语无伦次："你，你也是三叶虫吗？可是，可是你长得也太小了吧，还躲在海绵里，就像个胆小的小孩子！"

"咳咳，没礼貌的小家伙，你说谁胆小呢？"简易版的三叶虫不满地教训起卡拉塔来。

嘀嘀嗒见状，赶忙上前道歉："不好意思，不好意思，这是我的傻弟弟，他这里不太好使。"他边说边悄悄地比画着卡拉塔的脑袋。

"你说什么呢！"卡拉塔刚想朝嘀嘀嗒发泄不满，却发现嘀嘀嗒拼命朝他使着眼色。

"老爷爷，我们是从大礁石的那一边过来的，请问您有没有听说过，这里有一个叫球婆婆的？"嘀嘀嗒认真地问了起来。

"球婆婆？我不认识什么球婆婆啦方奶奶的，你去前面问问吧，那个黄色海绵里，好像有从礁石那边过来的。"说罢，老态龙钟的三叶虫又钻回到了海绵里。

"好的，谢谢您！"嘀嘀嗒很有礼貌地道过谢，转身拽过卡拉塔，继续朝前赶路。

不一会儿，他们来到了一株黄色的海绵跟前。这株海绵显得特别高大，许多管口高高低低簇拥在一起。这回卡拉塔有了经验，他清清嗓子，一本正经地吆喝了一声："请问，有人在吗？我们是来送信的！"

"是谁？是谁？"

卡拉塔喊声刚落，好多小脑袋纷纷从高高低低的海绵口里钻了出来，好奇地打量着卡拉塔和嘀嘀嗒。一只胆子比较大的小三叶虫，干脆爬出来和卡拉塔喊话："喂，傻大个，你来找谁，送什么信啊？"

"什么？傻大个？"卡拉塔一听，有点儿来气了。

嘀嘀嗒立刻拦住卡拉塔："恼什么呀，你刚才还叫人家胆小鬼呢！"

卡拉塔用力地深吸一口气，稳住了情绪，继续问道："我们是从大礁石那边来的，你们有谁认识球婆婆的妹妹吗？能不能提供点线索啊？"

迷你三叶虫们面面相觑，窃窃私语起来：

"球婆婆？你听说过吗？"

"什么球婆婆，没听说过啊。"

"他刚才说大礁石的另一边，那么远的地方，除了祖奶奶那一辈，谁去过啊！"

"我好像听说过，祖奶奶当年来这里的时候，是有个姐姐呢，还发生了点矛盾。"

这时，那只胆子较大的三叶虫突然站了起来："喂，傻大个，你真的是来送信的吗？那你把信交出来，我们自然给你送到！"

嘀嘀嗒大喜，立即拿出小石子想交给那只三叶虫，却被卡拉塔一把抢了下来："嘀嘀嗒，你觉得这样交给他们，真的没问题吗？"

嘀嘀嗒噘噘嘴："那也没更好的办法了呀。你看他们那个架势，试试呗，一颗石子，他们不至于也要抢走吧？"

"嗯，也有道理。"卡拉塔点点头，"喏，那就拿去吧。"

两只小三叶虫爬过来，抬起小石子，屁颠屁颠地就往黄海绵的后面游去。

过了半晌，那两只小三叶虫又屁颠屁颠地跑了出来："两位贵客，不好意思，我们祖奶奶有请！"

这态度突然来了个180度的大转弯，让卡拉塔和嘀嘀嗒还真有点不太适应，他们小心翼翼地跟着小三叶虫，来到了一个礁

石的缝隙口。

石缝的下面光线昏暗，只能隐约看到有一个佝偻着背的大三叶虫，正在低声地啜泣："姐姐呀姐姐，这么多年，你终于想通了吗？"

"祖奶奶，两位贵客来了。"小三叶虫恭恭敬敬地说。

"好的，你们先出去吧。"大三叶虫擦了擦眼泪，霸气十足地挥了挥触角，两只小三叶虫立即麻溜地消失了。

大三叶虫转过身来，卡拉塔和嘀嘀嗒顿时惊呆了，她长得跟球婆婆简直一个模样！

"小伙们，你们一路上辛苦了！我姐姐她还好吗？家乡一切都还好吗？"大三叶虫激动地爬过来，牵起了卡拉塔和嘀嘀嗒。

"嗯，都还好的，就是范围缩小了点。不过，球婆婆，她……"说到这里，卡拉塔又不禁有些哽咽。

"姐姐她来不了了吧？腿脚肯定不方便了。哎，年纪大了，都有这毛病，只能辛苦你们这些小辈了。"大三叶虫低下头，细心地抚摸着小石子："你们不知道啊，我这个姐姐可倔了，当初我跟她怎么说，她都不听，还总说我的想法荒谬，说什么子孙要是变小了，哪里还有三叶虫的尊严？更是不可能躲避得了天敌！还说呀，要是我的想法真变成了现实，她就变成小石子，来给我道歉！你们看看，我的子孙现在多好啊，小巧好藏，安全

124

灵活，衣食无忧，根本不必再担心奇虾之类的大家伙的骚扰。他们一来，我们就往海绵里一躲，连个影子都看不到，哈哈哈！"

大三叶虫抬起头，看看听得入神的嘀嘀嗒和卡拉塔，不好意思地笑笑："哎哟，你看我这老婆子，一激动，光顾着自己说了。快说说，我姐姐现在到底咋样啦？"

卡拉塔如鲠在喉，实在不忍说出真相。

嘀嘀嗒拍了拍卡拉塔的背，对大三叶虫严肃地说："球婆婆，她，已经过世了……"

"什么？"大三叶虫的爬足一抖，小石子滚落到了地上。好半天，她才勉强挤出一句，"哦，没了！……"

"您节哀顺变，我们先不打扰了！"嘀嘀嗒见状礼貌地鞠了个躬，拉着卡拉塔就退了出来。

卡拉塔心情复杂地跟着嘀嘀嗒走到海绵丛边，突然听到一阵嘈杂声，循声望去，原来是许多小三叶虫正扭成一团，争论着什么：

"干吗还搬家呀？我觉得住在海绵这儿就挺好的！"

"嘁，目光短浅！要是一直待在这儿，万一海绵死掉，保护不了我们怎么办？"

"对啊，而且这里的食物总会吃光的，到时候我们会饿死的！"

"我觉得吧，我们应该进化得再大一点，像奇虾这么大，不

对！还要大，这样我们就不怕他们啦！"

……

听着小三叶虫们的争论，卡拉塔仿佛看到了当年球婆婆与妹妹争执的场景，这种为了生命延续而生生不息的努力，瞬间让卡拉塔醍醐灌顶。

"嘀嘀嗒，我明白了！"卡拉塔突然停下了脚步。

"什么？你明白了什么？"

"小皮说的，个体对种族至关重要。他的意思原来是说，生命易逝，变幻莫测，虽然我们没有办法永远活在这个世界上，但是只要活着一个，我们的种族就存在，通过繁衍生息，我们的生命就会被延续下去！"卡拉塔的双眼炯炯放光，"所以，我们不应该把时间浪费在无法挽回的事情上，而是应该努力地活下去，带上那些没办法继续活着的生命的那一份，一起好好地活下去！"

"所以，现在你终于理解小尼哥哥了？"嘀嘀嗒满怀欣慰地看着卡拉塔。

"是的！我们能做的，就是把握好当下！小尼哥哥是这样，我们大家都是这样！"卡拉塔语气变得十分坚定，"嘀嘀嗒，我们回去吧，我想回去跟爸爸妈妈说对不起，就算他们再误解我，我也不会乱发脾气了。"

"好，那我们现在就走吧！"

"等等，"卡拉塔俯身捡起一枚石子，"我要把这个带回去，作为对小尼兄弟，还有球婆婆的纪念。"

"那我们就走啦！"话音刚落，嘀嘀嗒就吹响了口哨。

咻——，咻——。

熟悉的声音，熟悉的感觉，卡拉塔终于回到了自然博物馆的展厅里。他顾不上再看看周围的情景，就迫不及待地跑出博物馆，往家里一路跑去。

左等右等仍不见卡拉塔回来的卡爸卡妈，正在家里心急如焚呢，突然听见嘭嘭嘭的敲门声，知道是宝贝儿子回来了，赶紧把门打开。

"妈妈，对不起！我不该跟您说那些话。"一进门，卡拉塔就紧紧抱住了迎面而来的妈妈。

卡妈心疼地抚摸着儿子的脑袋："宝贝儿子，是妈妈不好，妈妈不应该不分青红皂白就责怪你，让你受委屈了。"

"妈妈，我以后再也不乱发脾气了。"卡拉塔用力吸吸鼻涕，竖起三根小手指，"但是我保证，我绝对没有偷拿同学的作业本，明天我就去找老师，把这件事情弄清楚！"

夜晚，卡拉塔站在窗边，抬头仰望着天空。凉风阵阵袭来，拂过他的脸，冰凉的感觉仿佛寒武纪的海水，他摩挲着手中的小石子，内心充满了对生命的敬畏。

图书在版编目(CIP)数据

疯狂博物馆. 寻找新世界 / 陈博君等著. — 杭州：
浙江大学出版社，2019.8
ISBN 978-7-308-19400-6

Ⅰ. ①疯… Ⅱ. ①陈… Ⅲ. ①科学知识－青少年读物
Ⅳ. ①Z228.2

中国版本图书馆CIP数据核字(2019)第158096号

疯狂博物馆——寻找新世界

陈博君　陈卉缘　著

责任编辑	王雨吟
责任校对	牟杨茜　杨利军
绘　　画	许汉枭
封面设计	杭州林智广告有限公司
出版发行	浙江大学出版社
	（杭州市天目山路148号　　邮政编码　310007）
	（网址：http://www.zjupress.com）
排　　版	杭州林智广告有限公司
印　　刷	浙江省邮电印刷股份有限公司
开　　本	710mm×1000mm　1/16
印　　张	8.75
字　　数	78千
版 印 次	2019年8月第1版　2019年8月第1次印刷
书　　号	ISBN 978-7-308-19400-6
定　　价	33.00元